MEIJI HUAXUEPIN
ZHUANLI XINXI FENXI YU LIYONG

煤基化学品
专利信息分析与利用

李彦涛　李　捷　刘广南　编著

U0248524

化学工业出版社

·北京·

本书选取具有两个碳原子的二甲醚、乙二醇和醋酸作为研究对象，对中国和全球范围内的专利申请进行统计，分别从专利申请量、区域分布、技术主题、申请人等角度，综合运用定量和定性分析的研究方法，对所得数据进行深入剖析。在分析中注重将专利分析与产业发展相结合；并通过对专利技术内容的分析，形成以专利为节点的技术发展脉络图；以产业现状为基础进行侵权风险分析。

　　本书可作为煤化工专业技术人员专利申请参考，同时也对化学化工专业技术人员和大专院校师生，极具参考价值。

图书在版编目（CIP）数据

煤基化学品专利信息分析与利用/李彦涛，李捷，刘广南编著 . —北京：化学工业出版社，2015.10
ISBN 978-7-122-25215-9

Ⅰ.①煤⋯　Ⅱ.①李⋯②李⋯③刘⋯　Ⅲ.①煤气化-化工产品-专利-信息利用　Ⅳ.①TQ072②G306.3

中国版本图书馆 CIP 数据核字（2015）第 224290 号

责任编辑：张双进　　　　　　　　　文字编辑：孙凤英
责任校对：宋　玮　　　　　　　　　装帧设计：王晓宇

出版发行：化学工业出版社（北京市东城区青年湖南街 13 号　邮政编码 100011）
印　　装：三河市万龙印装有限公司
710mm×1000mm　1/16　印张 12½　字数 244 千字　2016 年 3 月北京第 1 版第 1 次印刷

购书咨询：010-64518888（传真：010-64519686）　　售后服务：010-64518899
网　　址：http://www.cip.com.cn
凡购买本书，如有缺损质量问题，本社销售中心负责调换。

定　　价：49.00 元

前言 | FOREWORD | ///////////////////////////////

　　知识经济的深入发展加之经济全球化的日益深化，知识产权已作为国家发展的战略性资源和国际竞争力的核心要素，研究表明，全球生产总值中知识产权的贡献度已经从20世纪初的5%上升到现在的80%～90%。世界上20多个创新型国家拥有的发明专利量占全球的90%以上，专利作为知识产权中最重要的类型，对于实施创新驱动战略，建设创新型国家具有重要意义。

　　2008年我国颁布实施的《知识产权战略纲要》提出了"激励创造、有效运用、依法保护、科学管理"的方针。专利分析和预警就是一种对专利进行有效利用的形式。专利分析是制定专利战略、增强竞争优势、保护知识产权的基础，对保护发明创造、鼓励技术创新、促进经济发展具有重要的意义；专利预警是以危机管理的视角将关键技术与国外相关专利进行比较，发现和预警在科技、贸易等活动中潜在的知识产权风险。

　　能源对于一国之重要性毋庸置疑，而我国"富煤、缺油、少气"的能源资源禀赋，使得煤化工产业发展尤为重要。因此，查清煤化工各技术领域的专利状况对我国自主创新和产业发展非常重要。

　　我们选取具有两个碳原子的二甲醚、乙二醇和醋酸作为研究对象，对中国和全球范围内的专利申请进行统计，分别从专利申请量、区域分布、技术主题、申请人等角度，综合运用定量和定性分析的研究方法，对所得数据进行深入剖析。在分析中注重将专利分析与产业发展相结合；并通过对专利技术内容的分析，形成以专利为节点的技术发展脉络图；以产业现状为基础进行侵权风险分析。

　　通过上述工作，期望能够理清中国和全球范围内这三大化学品的技术发展趋势和研发热点、了解国内外主要竞争对手的专利动向、发现具有潜力的技术领域、预测技术发展方向，据此为企业和国家制订应对措施提供参考。

　　全书共25万字，其中第1章共5万字，由李捷完成；第2章共8.5万字，由李彦涛完成；第3章共4.5万字，由李捷完成；第4章共4万字，由刘广南完成；第5章共3万字，由李彦涛完成。

　　由于水平所限，不妥之处在所难免，敬请读者批评指正。

编著者

2015年10月

目录 | CONTENTS | ///////////////////////////

第1章 煤基化学品全球专利分析 ………………………………………… 1

1.1 二甲醚全球专利分析 …………………………………………… 3

1.1.1 二甲醚全球专利发展趋势分析 …………………………… 3

1.1.2 二甲醚全球专利区域分析 ………………………………… 5

1.1.3 二甲醚全球专利技术主题分析 …………………………… 7

1.1.4 二甲醚全球专利申请人分析 ……………………………… 8

1.2 醋酸专利全球分析 ……………………………………………… 10

1.2.1 醋酸全球专利发展趋势分析 ……………………………… 10

1.2.2 醋酸全球专利区域分析 …………………………………… 13

1.2.3 醋酸全球专利技术主题分析 ……………………………… 17

1.2.4 醋酸全球专利申请人分析 ………………………………… 21

1.3 乙二醇全球专利分析 …………………………………………… 25

1.3.1 乙二醇全球专利发展趋势分析 …………………………… 25

1.3.2 乙二醇全球专利区域分析 ………………………………… 28

1.3.3 乙二醇全球专利技术分析 ………………………………… 30

1.3.4 乙二醇全球专利申请人分析 ……………………………… 34

第2章 煤基化学品中国专利分析 ……………………………………… 40

2.1 二甲醚中国专利分析 …………………………………………… 40

2.1.1 二甲醚中国专利发展趋势分析 …………………………… 40

2.1.2 二甲醚中国专利区域分析 ………………………………… 43

2.1.3 二甲醚中国专利技术分析 ………………………………… 48

2.1.4 二甲醚中国专利申请人分析 ……………………………… 63

2.2 醋酸中国专利分析 ……………………………………………… 71

2.2.1 醋酸中国专利发展趋势分析 ……………………………… 72

2.2.2 醋酸中国专利区域分析 …………………………………… 75

2.2.3 醋酸中国专利技术分析 …………………………………… 78

2.2.4 醋酸中国专利申请人分析 ………………………………… 86

2.3 乙二醇中国专利分析 …………………………………………… 91

2.3.1 乙二醇中国专利发展趋势分析 …………………………… 91

2.3.2 乙二醇中国专利区域分析 ………………………………… 94

2.3.3 乙二醇中国专利技术分析 ………………………………… 96

2.3.4 乙二醇中国专利申请人分析 ················ 100

第3章 煤基化学品关键专利与技术发展 ················ 105

3.1 二甲醚关键专利与技术的发展 ················ 105

3.1.1 二甲醚技术发展脉络 ················ 105

3.1.2 二甲醚技术小结 ················ 113

3.2 醋酸关键专利与技术的发展 ················ 114

3.2.1 醋酸技术发展脉络 ················ 114

3.2.2 醋酸技术小结 ················ 118

3.3 关键专利与乙二醇技术的发展 ················ 120

3.3.1 合成气直接合成法技术发展 ················ 120

3.3.2 合成气氧化偶联法技术发展 ················ 122

3.3.3 甲醛羰基化法技术发展 ················ 131

3.3.4 甲醛氢甲酰化法技术发展 ················ 133

3.3.5 甲醛电化学加氢二聚法技术发展 ················ 135

3.3.6 甲醇甲醛合成法技术发展 ················ 136

3.3.7 甲醇脱氢二聚法技术发展 ················ 137

3.3.8 甲醛自缩合法技术发展 ················ 138

3.3.9 二甲醚氧化偶联法技术发展 ················ 139

3.3.10 乙二醇技术小结 ················ 139

第4章 煤基化学品专利风险分析 ················ 142

4.1 二甲醚专利风险分析 ················ 142

4.1.1 风险分析的基础 ················ 142

4.1.2 专利侵权风险 ················ 143

4.1.3 潜在侵权风险 ················ 150

4.2 醋酸专利风险分析 ················ 156

4.2.1 风险分析的基础 ················ 156

4.2.2 专利侵权风险 ················ 157

4.2.3 潜在侵权风险 ················ 170

4.3 乙二醇专利风险分析 ················ 175

4.3.1 专利侵权风险 ················ 175

4.3.2 潜在侵权风险 ················ 176

第5章 煤基化学品专利分析的主要结论 ················ 178

5.1 二甲醚专利分析的主要结论 ················ 178

5.1.1 二甲醚专利基本态势 ················ 178

    5.1.2　侵权风险状况　‥‥‥‥‥‥‥‥‥‥‥‥‥‥‥‥‥‥‥‥‥‥‥‥　182

    5.1.3　主要结论和措施建议　‥‥‥‥‥‥‥‥‥‥‥‥‥‥‥‥‥‥　183

  5.2　醋酸专利分析的主要结论　‥‥‥‥‥‥‥‥‥‥‥‥‥‥‥‥‥　184

    5.2.1　醋酸专利基本态势　‥‥‥‥‥‥‥‥‥‥‥‥‥‥‥‥‥‥‥　184

    5.2.2　侵权风险状况　‥‥‥‥‥‥‥‥‥‥‥‥‥‥‥‥‥‥‥‥‥‥　185

    5.2.3　主要结论和措施建议　‥‥‥‥‥‥‥‥‥‥‥‥‥‥‥‥‥‥　186

  5.3　乙二醇专利分析的主要结论　‥‥‥‥‥‥‥‥‥‥‥‥‥‥‥‥　187

    5.3.1　乙二醇专利基本态势　‥‥‥‥‥‥‥‥‥‥‥‥‥‥‥‥‥‥　187

    5.3.2　侵权风险状况　‥‥‥‥‥‥‥‥‥‥‥‥‥‥‥‥‥‥‥‥‥‥　192

    5.3.3　主要结论和措施建议　‥‥‥‥‥‥‥‥‥‥‥‥‥‥‥‥‥‥　193

参考文献　‥‥‥‥‥‥‥‥‥‥‥‥‥‥‥‥‥‥‥‥‥‥‥‥‥‥‥‥‥‥‥‥　194

第1章
煤基化学品全球专利分析

二甲醚（Dimethyl Ether，缩写为 DME）是最简单的脂肪醚，通常作为气雾剂、制冷剂、燃料和化工原料使用。由于二甲醚与液化气（LPG）和柴油的物理化学性质比较接近，可以作为现有燃料的有益补充，因此伴随着近些年油价的高企，人们对二甲醚的关注程度越来越高，我国更是掀起了煤制二甲醚的热潮。目前，二甲醚的生产方法有一步法和两步法两种：一步法是指由合成气一次合成二甲醚；两步法是由合成气合成甲醇，然后再脱水制取二甲醚。两步法工艺成熟，在国内已经建成了工业化示范项目；一步法工艺流程已经可以实现，但由于催化剂和设备等关键技术还未突破，目前在工业上还无法实施。

我国对二甲醚的研究开发和利用始于 20 世纪 90 年代初期，相对于其他发达国家起步较晚。2000 年以后，尤其是"十一五"期间，二甲醚受到关注和青睐，国内产能近几年呈直线上升之势，截至 2014 年上半年统计的全国 60 余家企业二甲醚产能达 829 万吨，此外，还有许多 50 万吨级以上的在建或拟建项目，规划中的二甲醚产能在 2020 年达到 2000 万吨，我国已经成为了世界二甲醚的生产大国。但是由于二甲醚标准的缺失，二甲醚燃料替代市场混乱，我国二甲醚的应用市场并没有跟上产业发展的步伐，短短几年时间二甲醚产业就出现了产能过剩的现象。为了促进二甲醚市场的发展，国家近期密集出台了一系列规范二甲醚产业发展的政策和二甲醚燃料的标准。因此，进入"十二五"以后，刚刚兴起的二甲醚产业将面临着重整的局面，盲目建设的落后产能将被淘汰，开发高效低廉的二甲醚生产技术将成为技术发展的方向，二甲醚在燃料方面的应用将会成为市场的主流。

醋酸（acetic acid）[64-19-7]（CAS 登录号），又名乙酸，是无色澄清液体，具有刺激性气味，结构式 CH_3COOH，分子式 $C_2H_4O_2$，相对分子质量 60.05，相对密度 1.049，熔点 16.7℃，沸点 118℃，着火点 485℃，闪点 43℃（开杯）；溶于水、乙醇和乙醚。无水的醋酸在 16℃ 以下凝固成冰状，俗称冰醋酸。醋酸是一种重要的有机化工原料，主要用于生产醋酸乙烯单体、醋酐、精对苯二甲酸（PTA）、氯乙酸、聚乙烯醇、醋酸酯、醋酸盐和醋酸纤维素等，在化工、轻纺、医药、染料等行业具有广泛用途。目前，我国已成为世界最重要的醋酸生产和消费国之一，仅次于美国。

成熟的醋酸生产工艺有乙炔乙醛法、乙醇氧化法、乙烯氧化法、丁烷和轻质油氧化法、甲醇低压羰基化法。乙炔乙醛法存在严重的汞污染；乙醇氧化法消耗大量的粮食；乙烯氧化法以宝贵的乙烯为原料；丁烷和轻质油氧化法收率低，副产物多，技术上不占有任何优势，并且仅适用于轻油丰富的地区，不具推广性；甲醇低压羰基化法成为目前世界生产醋酸的主要方法。目前甲醇低压羰基合成工艺为我国醋酸生产的主要工艺。1996 年上海吴泾化工有限公司从英国 BP 公司引进的国内第一套 10 万吨/年甲醇低压羰基合成醋酸装置建成投产。江苏索普（集团）公司的 10 万吨/年醋酸工程是国内第一套以天然气为原料、采用国内西南化工研究设计院技术的甲醇羰基合成醋酸项目。兖州煤矿集团公司的 20 万吨/年醋酸装置采用西南化工研究设计院开发的甲醇低压羰基合成技术。其他省市如陕西、山西、河南、山东、贵州等也已采用国内技术建成很多 20 万吨/年醋酸装置。截至 2014 年底，国内醋酸总产能 972 万吨，创历史新高，比 2010 年增加 304 万吨，增幅 45.5%。2014 年醋酸产量约 671 万吨，比 2013 年增产 102 万吨、增幅为 18.0%。2015 年 1~6 月醋酸产量约 332 万吨，预计全年与 2014 年持平。我国已经成为醋酸世界第一大生产国。

随着甲醇低压羰基化制醋酸工业化的不断发展，一种可以完全不依赖于石油，以醋酸及其衍生物为原料的新一代煤化工路线日益受到人们的重视。鉴于煤化工路线生产醋酸的重要性，我们将新型煤化工路线生产醋酸作为课题的一个研究方向。

乙二醇，简称 EG，是最简单的二元醇，主要用于生产 PET 树脂（聚对苯二甲酸乙二醇酯）、防冻剂、非离子表面活性剂等。近年来，随着全球聚酯产品市场消费的急剧增长，乙二醇的生产发展很快。目前，全球乙二醇的生产主要集中于中东、亚洲和北美地区，其中中东是最主要的出口地区；全球乙二醇的消费主要集中于亚洲、北美和西欧地区，其中亚洲是最主要的进口地区。未来全球乙二醇行业的发展将主要取决于中东和亚洲地区的发展。2011 年全球乙二醇市场产能过剩约 350 万吨；2012 年过剩将降至 300 万吨以下；据预测，2015 年将进一步降至 200 万吨以下；至 2017 年，若按 90% 的开工率计算，全球乙二醇消费预计将超过产能近 100 万吨。我国乙二醇的生产能力和产量都增长较快，但由于聚酯等工业的强劲需求，我国乙二醇生产仍然不能够满足国内市场日益增长的需求，每年都需要大量进口，且进口量呈逐年增加的态势。

根据原料来源的不同，乙二醇的制备方法主要分为石油路线和非石油路线。石油路线是以乙烯为原料，经环氧乙烷制取乙二醇，包括环氧乙烷直接水合法、环氧乙烷催化水合法以及通过碳酸乙烯酯中间体合成乙二醇三种方法。非石油路线主要分为煤制乙二醇路线、聚酯降解路线以及糖类氢解路线。其中，煤制乙二醇路线以煤为原料，首先将煤制成合成气，再用合成气直接合成乙二醇，或者通过将合成气转化为中间体而间接合成乙二醇。煤制乙二醇路线主要包括合成气直接合成法、合成气氧化偶联法、甲醛羰基化法、甲醛氢甲酰化法、甲醛电化学加氢二聚法、甲醇甲醛合成法、甲醇脱氢二聚法、甲醛自缩合法以及二甲醚氧化偶联法。从长远来看，随着全球石油资源的日益匮乏及石油价格的日益上涨，以环氧乙烷为原料生产乙二醇的传统石油路线原料来源问题日益严重，生产成本必将受到很大影响，煤制乙二醇路线的成本优势逐步显现。

1.1 二甲醚全球专利分析

截至 2011 年 9 月 29 日，从德温特世界专利索引数据库（WPI）中检索到的关于煤制二甲醚及其用途的全球专利共 1071 项（同族专利计为 1 项），以下在这一数据的基础上从发展趋势、区域分布、技术主题和主要申请人等角度对该领域的全球专利技术进行分析。

1.1.1 二甲醚全球专利发展趋势分析

以检索到的全球数据为基础，从申请量发展趋势、发明人活跃程度趋势和技术领域趋势分析三个角度分析了二甲醚全球专利发展趋势。

1.1.1.1 申请量发展趋势

将二甲醚领域的全球专利申请数据，按照不同年份对申请量进行统计，结果如图 1-1 所示。

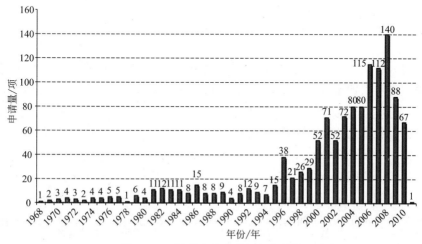

图 1-1 二甲醚全球专利历年申请量

二甲醚领域的专利申请起始于 1968 年，20 世纪 70～80 年代二甲醚领域的申请量较少；从 80 年代以后申请量小幅增加，但波动不大，直到 1996 年达到一个小高峰；随后二甲醚领域的申请量不断攀升，2008年达到最高峰。其中2006年以后的申请为523项，占二甲醚全球专利总申请量的48.8%；在2006年以后的申请中中国申请为288项，占2006年以后申请量总和的55.1%。

分析认为，1996年的小高峰与国际油价开始上涨有关；在此后二甲醚大量增长的申请中，大部分是中国的申请，这与中国对二甲醚开发的政策有很大关系，中国专利申请主导了这一轮全球范围内的申请量猛增。

1.1.1.2 发明人活跃程度趋势

将二甲醚领域的全球专利申请数据，按照不同年份对发明人的数量进行统计，结果如图1-2所示，图中上部代表新增发明人数量，下部代表已有的发明人数量。

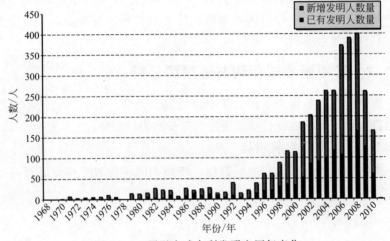

图1-2 二甲醚全球专利发明人历年变化

发明人数量的变化总趋势与申请量年变化趋势类似。20世纪70～80年代二甲醚领域的发明人数量较少；从80年代以后发明人数量小幅增加，但波动不大，直到1996年以后发明人数量开始不断增加，尤其是2001年以后发明人增加的幅度变大，而且新增发明人数量增加的速度明显比已有发明人增加的速度快，2008年发明人数量达到最高峰。

上述情况说明随着二甲醚研究的深入，近几年来越来越多的人开始关注该领域，研究该领域。由于此轮申请量增长的大幅增加主要是中国专利主导的，而中国专利主要是由中国人申请的，因此可以得出，新增的发明人很大一部分是中国发明人。

1.1.1.3 技术领域趋势分析

将二甲醚领域的全球专利申请数据，按照不同年份对专利申请的技术主题的数量进行统计，结果如图1-3所示，图中上部代表新增主题，下部代表已有主题。

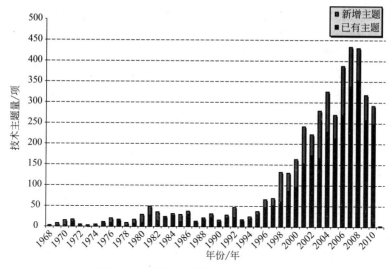

图 1-3　二甲醚专利申请主题历年变化

几乎每年都有新的技术主题申请专利，但是大部分申请还是集中在已有主题上，新增主题比重不大，说明该领域技术主题比较集中，大部分研究集中于已有的技术主题上，突破性进展或开拓性发明较少。

综合图 1-1～图 1-3 可以看出，近十年间二甲醚领域的申请量增长很快，发明人数量增长也很快，尤其是许多新的发明人加入到该领域的研究当中。但是，该领域的新增技术主题却不多，说明二甲醚大部分研究仍然集中在已有的技术领域，研究发现主要集中在二甲醚的制备和燃料用途上，突破性研究或开拓性发明较少，因此对于二甲醚的研究还有待于不断地开拓新的主题。

1.1.2　二甲醚全球专利区域分析

以检索到的全球数据为基础，从区域份额和区域份额变化趋势两个方面对二甲醚全球专利区域情况进行分析。

1.1.2.1　区域份额分析

二甲醚领域的全球专利申请数据，按照不同区域对申请量进行统计，结果如图 1-4 所示。该图是从 WPI（世界专利索引）数据的 PR 字段（即优先权）提取的数据，它反映了二甲醚专利技术来源的区域分布情况。正因为该数据是从优先权字段中提取而来，所以出现了 EP（欧洲）和 DE（德国）、FR（法国）以及 DK（丹麦）并存的情况。

由二甲醚专利申请区域分布图可以看出：申请量排名前十位的区域分别是中国（CN）、日本（JP）、美国（US）、德国（DE）、欧洲（EP）、韩国（KR）、丹

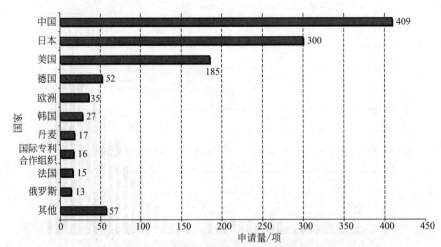

图 1-4　二甲醚全球专利申请区域分布

麦（DK）、国际专利合作组织（WO）、法国（FR）和俄罗斯（RU）。其中中国的专利申请量占全球总申请量的 36.3%，日本申请量占全球总申请量的 26.6%，美国申请量占全球总申请量的 16.4%。

另外，专利申请在他国公开的信息大体可以反映其技术输出能力的强弱。研究发现，虽然图 1-4 中显示中国和日本是二甲醚研究大国，但这些专利多是仅在本国公开，这反映出其技术输出较少；而美国、德国和欧洲向其他国家申请专利量大，技术输出能力强。

1.1.2.2　区域份额变化趋势分析

将排名前 10 位的区域申请，按照不同年份对申请量进行统计，结果如图 1-5 所示。

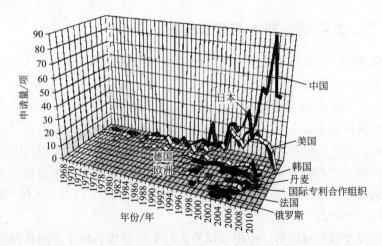

图 1-5　二甲醚全球专利申请前 10 名国家/地区历年申请量

二甲醚领域的专利申请最早起始于美国，紧随其后的是日本和德国，20 世纪 90 年代以前二甲醚领域的专利申请几乎被这三个国家垄断，并且其专利申请也几乎没有间断过；90 年代以后，欧洲、中国、俄罗斯、韩国等区域陆续出现二甲醚领域的专利申请；2000 年以后，中国、日本和美国在二甲醚领域的专利申请量增长很快，尤其是中国，在"十一五"期间申请量成倍增加，2006 年以后的中国申请为 288 项，占同期排名前十国家申请量总和的 55%，远远超过其他国家的增速；除上述三个国家以外的其他区域申请量变化不大。近十年，尤其是 2006 年以后，二甲醚申请主要集中于中、日、美、欧，这四个国家或地区的申请占同期全球申请的 95.6%。结合二甲醚专利申请区域图（图 1-4），可以得出如下结论：

① 美国是二甲醚领域研究最早的国家，随后是日本和德国，其专利申请具有连续性；

② 中国在二甲醚领域的专利申请起步晚，增长快；

③ 近十多年，二甲醚领域专利申请活跃的区域主要集中在中国、美国、日本和欧洲（包括德、法、丹麦）。

1.1.3　二甲醚全球专利技术主题分析

对二甲醚领域的全球专利按照技术领域的不同对申请量进行统计，结果如图 1-6 所示（同一项申请存在不同的技术领域分类号时重复计数，因此图 1-6 中的申请量总和大于二甲醚全球专利总申请量）。

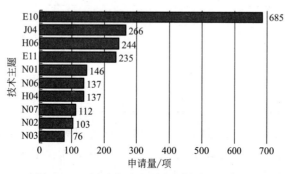

图 1-6　二甲醚全球专利主要技术主题分布

图 1-6 显示出各技术领域的申请量多少，排序如下。

① E10：芳香族、脂环族、脂肪族化合物；

② J04：化学或物理的方法和装置；

③ H06：气体和液体燃料；

④ E11：有机化学方法或装置；

⑤ N01：碱土金属、B、Al、Si，包括元素、氢氧化物、无机盐、羧酸盐；

⑥ N06：分子筛、沸石；

⑦ H04：石油的处理；

⑧ N07：催化剂的应用；

⑨ N02：Fe、Co、Ni、Cu、贵金属，包括元素、氢氧化物、无机盐、羧酸盐；

⑩ N03：其他金属、As，包括元素、氢氧化物、无机盐、羧酸盐。

在图 1-6 的各技术主题中还存在更细的技术分支，用不同的德文特手工代码（MC 分类号）表示，结果见表 1-1。

表 1-1　二甲醚全球专利主要技术主题细分类

手工代码	申请量	技术领域	手工代码的含义
E10-H01E	598	产物	无卤素的单醚
E10-E04E1	87	原料	甲醇
E11-F05	146	制备方法	醚化
E11-F03	89		C 的烷基化、酰基化、缩合或链增长
J04-E01	101		催化方法
J04-E04	165	催化剂	催化剂
H04-F02E	137		催化剂的制备
N01-C02	146		氧化铝
N02-D01	103		Fe,Co,Ni,Cu,贵金属；氧化物或硫化物
N03-F	76		Zn,Cd,Hg；氧化(氢氧化)物，无机盐，羧酸盐
N06-A	137		分子筛，包含 Al 和碱(碱土)金属的沸石
N07-D06	112		醚化催化剂
H06-B08	85	燃料用途	醇基燃料
H06-B	83		液体燃料
H06-A	76		气体燃料

从图 1-6 和表 1-1 中可以看出，二甲醚领域的研究主要集中在二甲醚的制备（1897 项）和燃料用途（244 项）上（由于一项申请存在多个手工代码，重复计数，因此该处统计的总和大于二甲醚申请总量）。其中制备包括：产物（E10-H01E），原料（E10-E04E1），制备方法（E11-F05、E11-F03、J04-E01），催化剂（J04-E04、H04-F02E、N01-C02、N02-D01、N03-F、N06-A、N07-D06）；燃料用途包括三种不同的燃料：醇基燃料（H06-B08）、液体燃料（H06-B）和气体燃料（H06-A）。

1.1.4　二甲醚全球专利申请人分析

为了研究二甲醚领域的专利申请人情况，课题组统计了各个申请人的专利申请情况，并从主要申请人和技术集中度两个方面进行分析。

1.1.4.1　主要申请人分析

将二甲醚全球专利，对相同申请人按申请量多少进行排名，前十位结果如图 1-7 所示。其中申请人采用公司代码（CPY）表示。

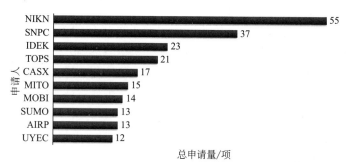

图 1-7　二甲醚全球专利主要申请人排名

从二甲醚主要申请人排名图可以看出，排名第一位的是日本钢管株式会社（NIKN），其次是中石化（SNPC），排名第三的是出光兴产石油株式会社（IDEK）；在排名前十位的申请人中有三个中国申请人，分别是中石化、中科院大连化学物理研究所（CASX）和华东理工大学（UYEC）；四个日本申请人，分别是日本钢管株式会社、出光兴产石油株式会社、三菱重工株式会社（MITO）和住友化学株式会社（SUMO）；两个美国申请人，分别是美孚公司（MOBI）和美国气体产品与化学公司（AIRP）；还有一位申请人是丹麦的托普索公司（TOPS）。

将排名前十的申请人分别对本国申请和他国申请进行统计，得到表 1-2。

表 1-2　二甲醚全球专利主要申请人申请状况

申请人	总申请量/项	仅本国申请量/项	他国申请量/项	他国申请比例/%
日本钢管株式会社	55	48	7	12.7
中石化	37	32	5	13.5
出光兴产石油株式会社	23	15	8	34.8
托普索公司	21	0	21	100
大连化学物理研究所	17	14	3	17.6
三菱重工株式会社	15	11	4	26.7
美孚公司	14	3	11	78.6
住友化学株式会社	13	11	2	15.4
气体产品与化学公司	13	4	9	69.2
华东理工大学	12	12	0	0

结合二甲醚领域主要申请人申请状况表，采用他国申请（即除在本国申请外还在其他国家申请）的比例来衡量技术输出的能力，可以看出，丹麦托普索公司没有仅在本国的申请，美国的气体产品与化学公司和美孚公司仅在本国的申请量也很少，说明这些公司对外的技术输出能力很强；日本公司的本国申请量比对他

国申请量大很多，对外技术输出能力比美国和欧洲差；中国申请人的对外技术输出能力最低。排名前十位的申请人除中国有两家科研院所以外，其他国家的申请人都是公司类型的申请人，表明中国公司的科研能力与国外公司有很大差距。

1.1.4.2 技术集中度分析

对二甲醚领域的全球专利，按照同一申请人申请量的多少将申请人分为 4 个级别（申请量超过 20 项为第一级申请人，申请量 6~20 项为第二级申请人，申请量 2~5 项为第三级申请人，申请量少于 2 项为第四级申请人），分别对每个级别申请人的申请量进行统计，并按照其在申请量总数中所占比重得到图 1-8。

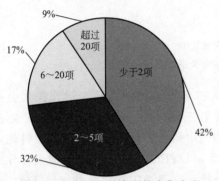

图 1-8 二甲醚全球专利技术集中度

由二甲醚全球专利技术集中度图可以看出，第四级别申请人的申请量在全球专利申请量中所占比重最高，超过 40%；第三级别申请人的申请量排第二位，占申请总量的 32%；第二级别申请人的申请量排第三位，占申请总量的 17%；第一级别申请人的申请量在全球专利申请量中所占比重最低，不超过 10%。该结果说明二甲醚领域的研究还处在活跃期，技术集中度不高（由于 WPI 中对于同一集团的公司分开统计，实际上的技术集中度应该比图 1-8 中显示出来的高一些），并没有形成少数几家公司掌握大量专利申请的局面，因此没有形成二甲醚领域的技术垄断。

1.2 醋酸专利全球分析

截至 2011 年 9 月 29 日，课题组从德温特世界专利索引数据库（WPI）中检索到的涉及醋酸的全球专利总计 1471 项。在上述检索结果的基础上，从全球专利发展趋势、全球专利区域、全球专利技术主题、全球专利申请人四个角度对醋酸领域的专利情况进行分析。

1.2.1 醋酸全球专利发展趋势分析

以检索到的全球数据为基础，从申请量发展趋势、发明人活跃程度趋势和技术领域趋势分析三个角度分析了醋酸全球专利发展趋势。

1.2.1.1 申请量发展趋势

各个年份的专利申请量能够反映出世界范围内醋酸技术的发展情况。为了研究醋酸技术的发展情况和专利申请量发展趋势，统计了各个年份的专利申请量，并且对专利申请量的变化进行了简单的分析，结果如图 1-9 所示。

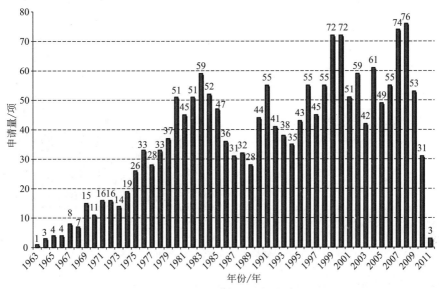

图 1-9　醋酸全球专利历年申请量

醋酸领域的专利申请量呈迂回上涨态势。从图 1-9 中可看出：1963～1983 年，醋酸领域的专利申请量呈上升趋势；1984～1989 年专利申请量大幅走低；1991 年之后申请量保持相对稳定；在 1983 年、1991 年、2000 年和 2008 年专利申请量分别出现了几个高峰。

分析认为，醋酸专利的申请量与煤炭和石油的价格、醋酸的需求量、醋酸与其上下游产品的价格差异、醋酸技术的总体发展阶段等因素有关。石油相对煤炭的价格升高，会刺激煤化工路线醋酸工艺的研究；醋酸的需求量以及醋酸与其上下游产品的价格加大，则会带动醋酸工艺的研究；醋酸技术的总体发展也会带动醋酸专利申请的上升。

根据 BP 世界能源统计的数据，世界范围内的煤炭价格在 2003 年之前变化不大，直到 2004 年以后煤炭价格才快速上涨。同期的石油价格变化较大，呈总体上升趋势。随着纤维、涂料、黏合剂等醋酸下游产业的迅速发展，醋酸的需求量呈逐年上升趋势。由于煤炭和石油价格的影响以及醋酸需求量的不断上涨，从不同角度推动了醋酸技术的研究，从而使醋酸专利申请量呈逐年上升的趋势。

1.2.1.2　发明人活跃程度趋势

专利发明人是专利技术的研发者，专利发明人数据能够反映出该领域技术人员对该领域的重视程度，专利发明人的数量和分布也能反映出该项技术所处的技术阶段。为了分析醋酸领域专利发明人数量变化趋势，对各个年份的发明人数量进行了统计分析，结果如图 1-10 所示。醋酸全球专利发明人数量中，上部表示当年新增发明人的数量，下部表示现有发明人的数量。

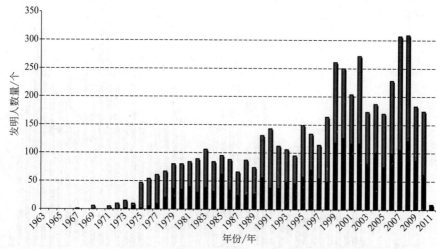

图 1-10　醋酸全球专利历年发明人数量

醋酸领域发明人比较活跃，每年新增发明人占当年发明人总量一半以上。发明人数量总体呈上升趋势。1990 年、1999 年和 2008 年，新增发明人和已有发明人的数量均有明显增加。

新增发明人和现有发明人的数量都是呈逐年稳步上升的趋势，表明每年都有大量的发明人投入到醋酸领域的研究，反映了醋酸领域具有持续发展的潜力。

20 世纪 60～70 年代，资源私有化和石油危机推高了国际油价，而同期煤炭价格没有明显变化，导致以煤化工为来源的醋酸路线越来越受到人们的重视；此外，1970 年孟山都工艺路线的出现刺激了醋酸的研究，这两个因素使得 1970 年以后新增发明人比例很高。1990 年以后，BP 工艺路线的开发，刺激了煤化工路线的醋酸研究，已有发明人数量和新增发明人数量快速增加。

1.2.1.3　技术领域趋势分析

专利文献中所涉及的技术主题是判断技术发展的重要指标，技术主题的数量多少反映了研究领域的总体发展情况。为了分析醋酸领域专利技术的发展趋势，将各个年份的技术主题数量进行了统计分析。结果如图 1-11 所示，上部表示新增的技术主题数量，下部表示现有的技术主题数量。

从图 1-11 中可以看出，醋酸领域专利所涉及的技术主题的数量总体呈上升趋势，而各个年份新增的技术主题所占比例较小，表明新技术主题数量较少，醋酸领域研究主题较为稳定。

醋酸领域的研究主题数量基本上呈逐年上升的趋势。1970 年美国孟山都工艺路线的出现以及两次石油危机刺激了煤化工路线生产醋酸的研究，使得 1970 年以后技术主题数量快速上升。随着石油价格的不断上升、醋酸上下游产业的不断发展，以及美国塞拉尼斯国际公司的 AO Plus 低水工艺和 Silverguard 工艺、英国

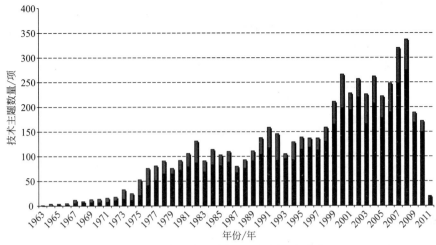

图 1-11 醋酸专利申请技术主题历年变化

BP 公司的 Cativa 工艺和日本千代田株式会社的 Acetica 工艺等工业化路线的出现、合成气法制备醋酸的研发等带动了醋酸技术的研发，醋酸领域技术主题的数量逐年上升，醋酸的研究领域逐渐拓宽。

自 20 世纪 70 年代以来，全球范围内实现工业化的醋酸工艺路线主要是甲醇羰基化工艺和合成气工艺，醋酸领域仍然主要是对甲醇羰基化工艺和合成气工艺的改进和完善，目前仍然没有出现全新的工业化路线，因此醋酸领域的专利同样主要集中于对甲醇羰基化法和合成气法的改进和优化。虽然醋酸领域出现了多种工业化路线，然而开拓型发明不多，所以新增主题数量所占比例较小，研究主题较为稳定。

综合醋酸领域全球申请量发展趋势分析、发明人活跃程度分析和技术领域趋势分析可以看出，醋酸全球专利发展趋势的主要特点是：全球专利申请总体呈现迂回上升态势，各个年度专利申请量变化较大；醋酸领域发明人比较活跃，然而新增技术主题不多，研究主题相对较为稳定，表明醋酸领域技术创新活动较为活跃，缺乏革命性的专利进展。

1.2.2 醋酸全球专利区域分析

以检索到的全球数据为基础，从区域分布情况、区域分布变化情况和五局分布情况三个方面对醋酸全球专利区域情况进行分析。

1.2.2.1 区域分析

作为原创国的专利申请量体现了各个国家/地区在醋酸领域的技术水平，为了分析各个国家/地区在醋酸领域的技术水平，将各个国家/地区作为原创国的专利申请量进行了统计分析，作为原创国的专利申请量排名前十的国家/地区如图 1-12 所示。

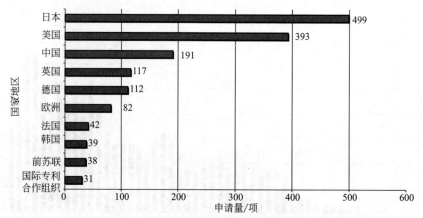

图 1-12　醋酸全球专利技术来源国家/地区分布

在全球范围内，日本作为原创国的专利申请数量最多，然后分别是美国、中国、英国和德国，日本、美国、中国、英国和德国的原创专利申请分别为 499 项、393 项、191 项、117 项和 112 项。

日本矿产资源蕴藏量很少，战后日本经济的飞速发展使得资源需求成倍增长，两次石油危机使得日本更加注重降低石油依赖程度，实现能源多样化，非常注重新型煤化工的研究，日本作为原创国的专利申请数量达 499 项。

美国是世界上科技最为发达的国家，在醋酸领域同样占有领先优势。2007 年全球十大醋酸生产企业有四家均是美国公司，当前主流的醋酸工业化生产路线也主要是美国公司开发。醋酸专利技术来自美国的有 393 项，占世界第二位。

由于中国醋酸产能已经超过美国，成为醋酸产能第一大国，中国科学院化学研究所、西南化工研究设计院等分别就催化剂、工艺等方面进行了一系列的研究，形成了一系列具有自主知识产权的专利技术，来自中国的专利技术为 191 项，名列第三，在数量上占有一席之地。

英国和德国的申请量也不容忽视，分别为 117 项和 112 项。接下来是欧洲、法国、韩国和前苏联。

1.2.2.2　区域分布变化趋势分析

各国家/地区作为原创国的专利申请变化能够反映出各个国家/地区在醋酸领域的发展变化情况，也能从一个方面大致反映出各个国家/地区在全球醋酸领域的份额情况。为了分析国家/地区醋酸领域的变化趋势，统计了各个国家/地区作为原创国的专利申请变化情况，申请量前十名的国家/地区的变化情况如图 1-13 所示。

由图 1-13 可知，在醋酸领域，日本和美国作为原创国的专利申请不但数量上较多，而且各年份持续申请了大量专利。1974～1985 年，日本作为原创国的专利申请量较多，2000 年之后逐年下滑。1996 年之后，美国作为原创国的专利申请量超越日本。

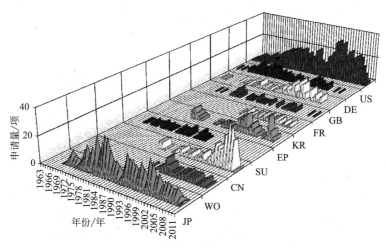

图 1-13　醋酸全球专利技术来源国家/地区历年申请量

JP—日本；WO—国际专利合作组织；CN—中国；SU—前苏联；EP—欧洲；

KR—韩国；FR—法国；GB—英国；DE—德国；US—美国

前苏联在 1991 年 12 月 25 日正式解体之前，存在作为原创国的专利申请，正式解体之后不再存在作为原创国的专利申请，解体之后的俄罗斯作为原创国的专利申请没有排到前十。德国作为原创国的专利申请在 1974 年和 1978 年较多，其他年份均比较少，2002 年以后很少涉及醋酸领域。英国作为原创国的专利申请量在 1983 年和 2001 年分别达到两个峰值，其他时间申请量相对较少。

在醋酸领域，中国作为原创国的专利申请量在 1985～2000 年之间变化不大，2001 年开始迅猛发展，2008 年之后，中国作为原创国的专利申请量跃居首位。

重点国家/地区近三年作为原创国的专利申请情况见表 1-3。

表 1-3　重点国家/地区近三年作为原创国的专利申请情况

国家/地区	最活跃的申请人	近三年所占百分比/%
日本	产业技术综合研究所 大赛璐化学工业株式会社 昭和电工株式会社	1
美国	塞拉尼斯国际公司 伊斯曼化学公司 联合碳化物公司	5
中国	中国科学院化学研究所 中国石油化工集团公司	27
英国	英国石油化学品公司	0
德国	赫希斯特公司 巴斯夫公司 拜耳公司	0
欧洲	英国石油化学品公司	4
法国	罗纳-普朗克公司 埃塞泰克斯公司	2

近年来，中国申请人非常重视醋酸领域技术的研发，中国作为原创国的专利申请近年的比重较大，其他国家作为原创国的专利申请量近年的比重相对较低。醋酸专利申请仍然主要集中于传统醋酸大型企业和研究院所。

近三年，作为原创国申请专利的重点国家/地区有日本、美国、中国、欧洲和法国。中国作为原创国的近三年专利申请占全部中国作为原创国的专利申请的27%，最近三年中国非常重视醋酸领域的研发。作为第一原创大国的日本最近三年在醋酸领域申请数量较少，仅占全部日本作为原创国的专利申请的1%，而英国和德国最近三年已经没有作为原创国的专利在英国和德国提出专利申请。美国、法国、欧洲作为原创国的近三年专利申请的比例也很低。

1.2.2.3 申请流向趋势

中国、美国、欧洲和日本是世界上最为重要的经济体，中国、日本和韩国是亚洲最具影响力的国家，因而有必要分析这五个国家和地区之间相互申请专利的情况。这五个国家/地区专利申请的分布情况从一个角度反映出这五个国家/地区的对外专利布局情况，如图1-14所示。

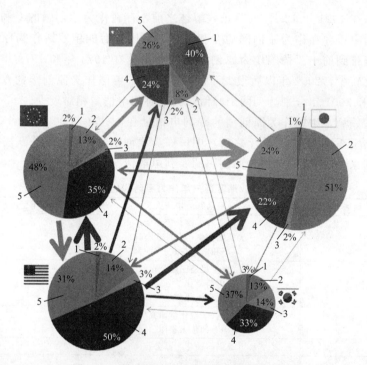

图1-14 醋酸领域中日韩美欧申请流向趋势
1—中国；2—日本；3—韩国；4—美国；5—欧洲

从醋酸专利在中国、日本、韩国、美国和欧洲的分布来看，美国、欧洲和日本比较重视对外专利布局，韩国和中国对外申请比重较低。见表1-4。

表 1-4　醋酸领域专利五国家/地区相互申请量统计　　　　单位：项

申请国/地区 受理国/地区	中国	日本	韩国	美国	欧洲
中国(CN)	195	41	12	116	127
日本(JP)	15	494	17	211	236
韩国(KR)	7	36	37	89	101
美国(US)	12	89	19	332	206
欧洲(EP)	13	92	13	242	332

欧洲地区申请人专利申请占中国、日本、韩国和美国专利申请的比重分别为26％、24％、37％和31％；美国申请人专利申请占中国、日本、韩国和欧洲地区专利申请的比重分别为24％、22％、33％和35％，由此可见，欧洲和美国非常重视在其他四个国家或地区的专利布局。

日本申请人专利申请占中国、美国、韩国和欧洲地区专利申请的比重分别为8％、14％、13％和13％；韩国申请人专利申请占日本、美国、中国和欧洲地区专利申请的比重分别为2％、3％、2％和2％；中国申请人专利申请占日本、美国、韩国和欧洲地区专利申请的比重分别为1％、2％、3％和2％。日本也比较重视在其他四个国家或地区的专利布局。

从全球范围来看，实力较强的醋酸生产企业主要存在于经济发达的欧洲、美国和日本，所以这些企业非常注重在欧洲、美国、日本三国之间的专利布局。由于中国近年经济发展较快，醋酸产能快速增加，欧洲、美国和日本也开始关注在中国的专利布局。

综合醋酸领域区域分布情况、区域分布变化情况和五局分布情况分析，可以看出，醋酸全球专利区域情况的主要特点是：原创专利申请量集中于传统工业国家，中国最近三年研究最为活跃，醋酸专利申请仍然主要集中于传统醋酸大型企业和研究院所；美国、欧洲和日本比较重视对外专利布局，韩国和中国对外申请比重较低。

1.2.3　醋酸全球专利技术主题分析

以检索到的全球数据为基础，从技术主题分布和技术主题变化趋势两方面对醋酸领域的全球专利技术进行分析。

1.2.3.1　技术主题分布

醋酸全球专利技术主题分布反映出醋酸领域专利申请所关注的技术领域情况。为了分析醋酸领域专利申请所关注的技术领域，课题组对前期检索得到的数据进行了处理，使用德温特世界专利索引（WPI）手工代码统计醋酸领域出现的技术主题，并且按照各代码的出现次数进行统计分析，所得统计结果如图 1-15 所示。

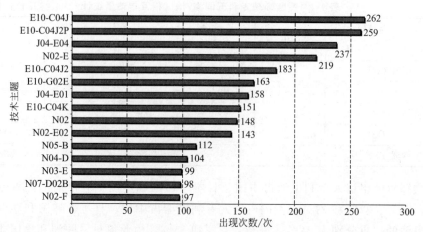

图 1-15　醋酸全球专利的主要技术主题分布

图 1-15 中各个技术主题所涉及的手工代码的定义如表 1-5 所示。

表 1-5　醋酸全球专利的主要技术主题

手工代码	代表的技术主题
E10-C04J	甲酸、醋酸的制备
E10-C04J2P	醋酸的制备
J04-E04	催化剂
N02-E	涉及 Ru、Rh、Os、Ir、Ag 和 Au 的催化剂
E10-C04J2	醋酸的制备
E10-G02E	其他脂肪酸单酯的制备
J04-E01	催化工艺
E10-C04K	其他酸的制备
N02	涉及 Fe、Co、Ni、Cu、贵金属的催化剂
N02-E02	涉及 Rh 的催化剂
N05-B	涉及羰基配合物、π 键配合物的催化剂
N04-D	涉及卤素的催化剂
N03-E	涉及 Mn、Tc、Re 的催化剂
N07-D02B	涉及 CO(2)的其他加成反应
N02-F	涉及 Pd 或 Pd 的催化剂

这些手工代码数据表明醋酸的研究主要集中于醋酸工艺和醋酸催化剂。

在涉及醋酸工艺的代码中，排名第一、第二和第五的 E10-C04J（甲酸、醋酸的制备）、E10-C04J2P（醋酸的制备）和 E10-C04J2（醋酸的制备）实质上都涉及醋酸的制备，三者出现次数总计 704 次；E10-G02E（其他脂肪酸单酯的制备）排名第六，表明在醋酸的研究过程中涉及其他酯类的研究；E10-C04K（其他酸的制备）排名第八，表明在醋酸的研究中涉及其他酸的研究；N07-D02B［涉及 CO（2）的其他加成反应］排名第十四。上述涉及工艺的代码出现次数总计 1116 次。

在涉及醋酸催化剂的代码中，J04-E04（催化剂）和 N02-E（涉及 Ru、Rh、Os、Ir、Ag 和 Au 的催化剂）分别排名第三和第四；J04-E01（催化工艺）排名第七。N02（涉及 Fe、Co、Ni、Cu、贵金属的催化剂）排名第九，N02-E02（涉及 Rh 的催化剂）排名第十，N05-B（涉及羰基配合物、π 键配合物的催化剂）排名第十一，N04-D（涉及卤素催化剂）排名第十二，N03-E（涉及 Mn、Tc、Re 的催化剂）排名第十三，N02-F（涉及 Pd 或 Pd 的催化剂）排名第十五。上述涉及催化剂的代码出现的次数总计为 1317 次。

1.2.3.2　技术主题变化趋势

技术主题变化趋势反映出醋酸技术在各个阶段所关注的主题变化情况，为了分析醋酸领域技术变化情况，课题组对前十位手工代码进行了趋势分析，由此分析醋酸领域技术主题的变化情况。此外，为了分析最近三年醋酸领域所关注的技术主题，课题组还重点分析了醋酸领域重点国家近三年的最为活跃的技术主题，以及最近三年在醋酸领域新出现的技术主题。

出现次数排名前十的手工代码的变化趋势情况如图 1-16 所示。

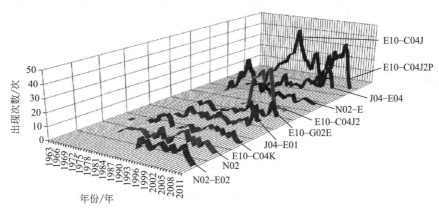

图 1-16　醋酸全球专利主要技术主题历年变化

手工代码 E10-C04J（甲酸、醋酸的制备）主要存在于 1975～1993 年，在 1984 年达到了最高峰。在 1994 年专门出现了醋酸的制备手工代码 E10-C04J2，2002 年出现了表示醋酸生产的手工代码 E10-C04J2P。在醋酸的制备过程中，涉及醋酸的这三个手工代码自然数量较高。醋酸的生产方法可以应用于其他酸的生产，或者同时生成了其他的酸或酯，由于醋酸是这些方法中最为主要的产品，其他酸和酯并非主流产品，所以手工代码 E10-C04K（其他酸的制备）和手工代码 E10-G02E（其他脂肪酸单酯的制备）出现的次数相对较少。

手工代码 N02（涉及 Fe、Co、Ni、Cu、贵金属的催化剂）的专利申请量在 20 世纪 80 年代中期较高，其他时间涉及该手工代码的专利申请比较少。由于贵金属催化剂在醋酸工业中的成功应用，涉及手工代码 N02-E（涉及 Ru、Rh、Os、Ir、Ag 和 Au 的催化剂）的专利申请量在同期高于手工代码 N02。之后，由于铑在工业上的成功应用，有关铑的专利申请较多，1994 年引入了表示涉及 Rh 的催化剂手工代码 N02-E02。1977 年引入的手工代码 J04-E01 和 J04-E04 分别涉及催化工艺和催化剂，这两个手工代码的走势基本相同，在 2009 年达到了最高峰。

手工代码 E10-C04J、E10-C04J2、E10-C04J2P、E10-C04K 和 E10-G02E 涉及工艺，手工代码 N02、N02E、N02-E02、J04-E01 和 J04-E04 涉及催化剂。1990 年之前，涉及催化剂的手工代码与涉及醋酸工艺的手工代码出现次数差别不大，而 1990～2000 年之间，涉及醋酸工艺的手工代码的出现次数明显多于涉及催化剂的手工代码。2000 年之后，涉及催化剂的手工代码数量开始增加，如表 1-6 所示。

表 1-6 重点国家近三年技术主题情况

国家	近三年最活跃的主题以及出现次数	近三年新出现的主题以及出现次数
日本	E10-C04J[116]；N02-E[95]；J04-E04[64]	无
美国	N02-E[75]；E10-C04J[75]；E10-C04J2P[71]	无
中国	E10-C04J2P[89]；J04-E04[65]；J04-E01[34]	N02-A01[5]；J01-A02[4]；N07-B02[4]；A02-A02[2]；A04-C[2]；A10-D[2]；E10-C02D2[2]；E10-C04J1P[2]；J04-E[2]；J04-E06[2]
英国	E10-C04J2[42]；N02-E04[31]E10-C04K[31]	近三年未申请专利
德国	E10-C04J[34]；E10-A25[24]N02[21]	近三年未申请专利
欧洲	E10-C04J2P[22]；E10-G02E[19]；E10-C04J2[18]；N07-D02B[18]	无
法国	E10-G02E[9]；N02-E04[8]；E10-C04J2[8]	无

注：[ ] 内数字表示出现次数。

将表 1-6 中最活跃的技术主题以及其出现的次数进行统计，列于表 1-7。

表 1-7 最近三年最活跃的主题的含义

手工代码	含义	出现次数/次
E10-C04J	甲酸、醋酸的制备	225
E10-C04J2P	醋酸的制备	182
N02-E	涉及 Ru、Rh、Os、Ir、Ag 和 Au 的催化剂	170
J04-E04	催化剂	129
E10-C04J2	醋酸的制备	68
N02-E04	涉及锇、铱、金的催化剂	39
J04-E01	催化工艺	34
E10-C04K	其他酸的制备	31
E10-G02E	其他脂肪酸单酯的制备	28
E10-A25	酸酐、羧酸卤化物	24
N02	涉及 Fe、Co、Ni、Cu、贵金属的催化剂	21
N07-D02B	涉及 CO(2) 的其他加成反应	18

最近三年，各个国家最为活跃的研究主题仍然是醋酸的制备和催化剂。在工艺领域，在醋酸的生产过程中比较关注催化工艺的开发、其他酸以及其他脂肪酸单酯的制备，还关注酸酐、羧酸卤化物的产生，以及 CO（2）的其他加成反应；在催化剂领域，最近三年关注涉及 Ru、Rh、Os、Ir、Ag 和 Au 的催化剂，涉及锇、铱、金的催化剂，以及涉及 Fe、Co、Ni、Cu、贵金属的催化剂。

最近三年，日本、美国、中国、欧洲和法国都存在作为原创国的专利申请，然而只有中国在醋酸领域中出现了新的技术主题，表明中国近三年在新的领域做出了研究。这些技术主题含义如表 1-8 所示。

表 1-8　最近三年新出现的主题的含义

手工代码	含　义	出现次数/次
N02-A01	Fe、Co、Ni、Cu、贵金属的单质或氧化物作为催化剂	5
J01-A02	通过气液传质进行分离	4
N07-B02	催化剂用于碳碳不饱和键的氢化	4
A02-A02	偶氮化合物	2
J04-E06	通用或未分类的反应器	2
A04-C	由（取代）芳香单烯烃单体得到的聚合物	2
A10-D	浓缩聚合	2
E10-C02D2	未分类的烷二羧酸	2
E10-C04J1P	甲酸的制备	2
J04-E	催化作用	2

如表 1-8 所示，我国申请人最近三年在醋酸领域较为注重使用 Fe、Co、Ni、Cu、贵金属的单质或氧化物作为催化剂的研究；次重点在于醋酸的气液传质分离，以及通过碳碳不饱和双键的氢化制备醋酸；此外，我国申请人还关注反应器的研究、醋酸制备过程中甲酸的制备等领域。

综合对醋酸领域技术主题分布和技术主题变化趋势两方面的分析，可以看出，醋酸全球技术主题的主要特点是：醋酸的研究主要集中于醋酸工艺和醋酸催化剂；我国近三年在新的领域做出了研究。

1.2.4　醋酸全球专利申请人分析

为了研究醋酸领域的专利申请人情况，课题组统计了各个申请人的专利申请情况，并从主要申请人、技术集中度、主要申请人变化三个方面进行了分析。此外，课题组还分析了最近三年主要申请人的专利申请量变化。

1.2.4.1　主要申请人分析

一般而言，申请人是发明技术的提供者。通过申请人分析，能够得出世界范围内醋酸领域的主要申请人。按照申请人的申请量进行了统计排名，列出了排名前 10 位的申请人。具体情况如图 1-17 所示。

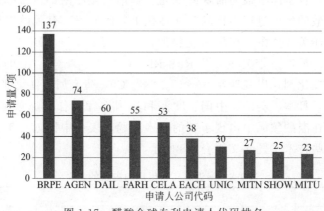

图 1-17 醋酸全球专利申请人代码排名

在全球领域，不管是申请人代码数量还是专利申请量，都是以国外申请人为主。排名前 10 位的申请人均为国外公司。

醋酸领域主要申请人公司代码的具体含义依次如下：其中 BRPE 代表英国石油化学品有限公司，AGEN 代表日本产业技术综合研究所，DAIL 代表大赛璐化学工业株式会社，FARH 代表赫希斯特公司、赫希斯特塞拉尼斯公司和 HNA 控股公司，CELA 代表塞拉尼斯国际公司，EACH 代表伊斯曼化学公司，UNIC 代表联合碳化公司，MITN 代表三菱瓦斯化学株式会社，SHOW 代表昭和电工株式会社，MITU 代表三菱化学株式会社。

结合醋酸领域主要申请人申请状况表，我们采用他国申请比例（以他国申请量除以总申请量）来衡量技术输出的能力。课题组将各个主要申请人的专利申请按照是否向外国申请专利分成两类，分别统计了其在本国的申请量和他国申请量，由此计算出各个国家的他国申请比例，所得结果如表 1-9 所示。

表 1-9 醋酸全球专利主要申请人申请状况

申请人	国家	总申请量/项	仅本国申请量/项	他国申请量/项	他国申请比例/%
BRPE	英国	137	7	130	94.9
AGEN	日本	74	72	2	2.7
DAIL	日本	60	31	29	48.3
FARH	德国/美国	55	7	48	87.3
CELA	美国	53	6	47	88.7
EACH	美国	38	6	32	84.2
UNIC	美国	31	6	25	80.6
MITN	日本	27	17	10	37.0
SHOW	日本	25	14	10	40
MITU	日本	23	1	22	95.7

在醋酸领域，国外申请人比较注重对外技术输出。醋酸领域全球主要申请人中，英国石油化学品有限公司主要在国外申请专利，137 项申请中有 130 项专利申请向英国以外的国家申请了专利，仅仅在本国申请专利而没有其他同族专利的仅仅 7 项，英国石油化学品有限公司的他国申请比例高达 94.9%；美国的塞拉尼斯国际公司、伊斯曼化学公司和联合碳化公司的他国申请比例总体比较高，分别为88.7%、84.2%和 80.6%；日本申请人的他国申请比例也比较高，例如，三菱化学株式会社的他国申请比例高达 95.7%，大赛璐化学工业株式会社的他国申请比例为 48.3%，昭和电工株式会社的他国申请比例为 40%，三菱瓦斯化学株式会社的他国申请比例为 37.0%，日本产业技术综合研究所的他国申请比例较低，为 2.7%。

1.2.4.2 技术集中度分析

对采集到的醋酸专利申请的数据按照申请量划分为四个等级，分别为申请量少于 2 项、申请量为 2～5 项、申请量为 6～20 项、申请量大于 21 项，按照申请量的多少将申请人划入不同等级，以分析醋酸领域的技术集中度情况，如图 1-18 所示。

醋酸领域世界范围内专利申请人的专利申请集中度一般。

专利申请量 21 项以上的申请人拥有 415 项专利申请，所占比例为 28%；专利申请量为 6～20 项的申请人拥有 359 项专利申请，所占比例为 24%；专利申请量为 2～5 项的申请人拥有 324 项专利申请，所占比例为 23%；专利申请量为 2 项以下的申请人仅仅拥有 363 项专利申请，所占比例为 25%。

图 1-18 醋酸全球
专利技术集中度

由于 WPI 中对于同一集团的公司分开统计，再加上公司并购行为的存在，实际上的技术集中度应该比图 1-18 中显示出来的要高。

1.2.4.3 主要申请人变化趋势分析

为了分析世界范围内醋酸领域的申请人变化情况，课题组统计了 1996～2010 年世界范围内历年主要的申请人，如表 1-10 所示。

表 1-10 醋酸全球专利 1996～2010 年主要申请人

年份	主要申请人
2010	塞拉尼斯国际公司；巴斯夫公司
2009	北京泽华化学工程有限公司；中国科学院化学所；英国石油化学品公司
2008	塞拉尼斯国际公司；英国石油化学品公司；中国石油化工集团公司
2007	塞拉尼斯国际公司；英国石油化学品公司
2006	塞拉尼斯国际公司；英国石油化学品公司；伊斯曼化学公司；上海吴泾化工有限公司

年份	主要申请人
2005	英国石油化学品公司;塞拉尼斯国际公司;<u>西南化工研究设计院</u>
2004	塞拉尼斯国际公司;英国石油化学品公司;大赛璐化学工业株式会社
2003	英国石油化学品公司;<u>中国科学院化学所</u>;科学与工业研究委员会
2002	英国石油化学品公司;塞拉尼斯国际公司;德国阿温提斯研究技术两合公司;昭和电工株式会社;<u>中国石油化学工业开发股份有限公司(台湾)</u>;大赛璐化学工业株式会社
2001	伊斯曼化学公司;美国恩格哈德公司;科学与工业研究委员会
2000	伊斯曼化学公司;德国阿温提斯研究技术两合公司;英国石油化学品公司;大赛璐化学工业株式会社
1999	伊斯曼化学公司;英国石油化学品公司;大赛璐化学工业株式会社
1998	英国石油化学品公司;伊斯曼化学公司;环球油品公司
1997	英国石油化学品公司;伊斯曼化学公司;塞拉尼斯国际公司;三菱化学株式会社
1996	英国石油化学品公司;塞拉尼斯国际公司;美国气体产品与化学公司;美国生物工程资源股份有限公司;大赛璐化学工业株式会社

注：下画线标出的申请人为中国申请人。

全球范围内，各个年份的申请人主要为外国申请人。2002年以后出现了我国台湾的中国石油化学工业开发股份有限公司，2003年以后，我国中国科学院化学研究所、西南化工研究设计院、上海吴泾化工有限公司、中国石油化工集团公司和北京泽华化学工程有限公司申请量开始提高，如表1-11所示。

表1-11 最近三年重点申请人申请信息

申请人	年份范围	最近三年申请量百分数/%
中国科学院化学研究所	1985~2009	24
塞拉尼斯国际公司	1995~2010	12
千代田化工建设株式会社	1991~2010	6
英国石油化学品公司	1975~2009	6
伊斯曼化学公司	1989~2009	3
大赛璐化学工业株式会社	1983~2009	2
昭和电工株式会社	1971~2008	0
联合碳化物公司	1973~1986	0
日本产业技术综合研究所	1977~1999	0
赫希斯特公司	1964~1995	0
住友化学工业株式会社	1974~2002	0
赫希斯特人造丝公司	1984~1995	0
可乐丽株式会社	1969~2000	0
三菱瓦斯化学株式会社	1969~2008	0
阿莫科公司	1977~1994	0

　　最近三年中国公司比较重视醋酸领域的研发，中国科学院化学研究所近三年的专利申请占其全部专利申请的 24％。近三年，美国的塞拉尼斯国际公司和伊斯曼化学公司、日本的千代田化工建设株式会社和大赛璐化学工业株式会社、英国的英国石油化学品公司也比较注重醋酸领域的专利申请。而日本的昭和电工株式会社、产业技术综合研究所、住友化学工业株式会社、可乐丽株式会社和三菱瓦斯化学株式会社，德国的赫希斯特公司近三年都没有有关醋酸领域的专利申请。而阿莫科公司已经并入英国石油公司，最近三年也没有申请专利。

　　综合主要申请人、技术集中度、主要申请人变化三个方面的分析，可以看出，醋酸全球专利申请人的主要特点是：在全球领域，不管是申请人代码数量还是专利申请量，都是以国外申请人为主；国外申请人比较注重对外技术输出；醋酸领域世界范围内专利申请人的专利申请集中度一般；全球范围内，各个年份主要的申请人为外国申请人。

1.3　乙二醇全球专利分析

　　截至 2011 年 9 月 29 日，从德温特世界专利索引数据库（WPI）中检索到的关于煤制乙二醇技术领域的全球专利共 676 项（同族专利计为 1 项），以下在这一数据的基础上从发展趋势、区域分布、技术主题和主要申请人等角度对该领域的全球专利技术进行分析。

1.3.1　乙二醇全球专利发展趋势分析

　　以检索到的全球数据为基础，从申请量发展趋势、发明人活跃程度趋势和技术领域发展趋势三方面对煤制乙二醇领域全球专利申请的发展趋势进行分析。

1.3.1.1　申请量发展趋势分析

　　为了研究煤制乙二醇技术的发展情况，对采集到的 335 项全球专利申请数据按年代进行统计。图 1-19 显示了该领域全球专利申请量随年份的变化情况，其中年份按照专利申请的最早申请日计算（下同）。

　　由图 1-19 可见，该技术的发展历程大致分为 4 个阶段：

　　① 1967～1974 年，煤制乙二醇技术处于萌芽期，该领域专利的年申请量一直徘徊于较低水平。

　　② 1975～1986 年，煤制乙二醇技术进入第一次大发展时期，该领域专利的年申请量增长迅速，并于 1981 年达到顶峰。

　　③ 1987～2007 年，煤制乙二醇领域进入技术发展低谷期，该领域专利的年申请量始终处于 5 项以下的低迷状态，甚至出现多年的零申请现象。

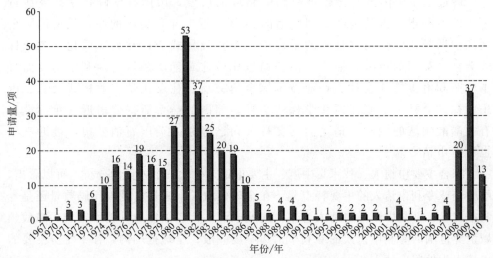

图 1-19　乙二醇全球历年申请量

④ 2008 年至今，煤制乙二醇技术迎来第二次大发展时期，该领域专利的年申请量重新迅猛上扬。考虑到专利申请的延迟公开性，2010 年数据不够准确。

分析认为，在煤制乙二醇技术发展的早期，即 1967～1974 年期间，该领域只有少量涉及合成气直接合成法或合成气氧化偶联法中草酸酯合成步骤的专利申请出现。20 世纪 70 年代中后期，石油价格的上涨影响了全球石油化学工业的发展，世界各国开始采取能源和化工原料多元化战略，这使得煤化工在煤气化、煤液化等方面取得了显著的进展。1975～1986 年间，煤制乙二醇领域先后出现了涉及合成气氧化偶联法中草酸酯氢化步骤、甲醛羰基化法、甲醛氢甲酰化法、甲醛电化学加氢二聚法、甲醇甲醛合成法、甲醇脱氢二聚法、甲醛自缩合法等的专利申请。1987～2007 年，煤制乙二醇技术逐渐进入为期 20 年的发展低谷期。究其原因，一方面，煤制乙二醇技术存在经济性和环境污染等问题，并且工业化过程存在难以突破的技术瓶颈；另一方面，这期间石油价格有所回落，比较而言，业界更倾向于研究和发展技术相对成熟的石油路线生产乙二醇，从而导致煤制乙二醇技术进入发展低谷期。为了摆脱国外的技术封锁以及石油资源日益枯竭导致的成本上升问题，20 世纪 80 年代末期开始，我国加快了煤制乙二醇技术的研究与开发，相关专利申请大量出现，从而推动煤制乙二醇技术迎来第二次大发展时期。

1.3.1.2　发明人活跃程度趋势分析

专利的发明人是技术的研发者，参与某项技术的发明人数量反映了该领域对技术发展的预期。为了研究煤制乙二醇领域发明人的变化情况，对采集到的 335 项全球专利申请数据按已有发明人数量和每年新增发明人数量进行统计。图 1-20 显示了该领域全球专利申请的发明人随年份的变化情况，其中，下部代表已有发明人数量，上部代表新增发明人数量。

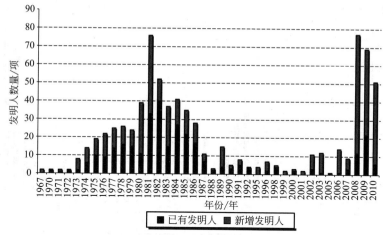

图 1-20　乙二醇全球专利发明人数历年变化

由图 1-20 可见，自 1973～1981 年，该领域发明人的数量基本呈现逐年增加的趋势，并且每年新加入的发明人所占比例与原有发明人所占比例基本持平，说明这期间该领域处于蓬勃发展阶段。自 1982 年起，该领域发明人数量和新进入该领域的发明人数量双双下滑。1987～2007 年的 20 年间，虽然还会出现新发明人进入的现象，但发明人的总体数量始终徘徊于低位，说明这期间业界对于该领域的兴趣持续低迷。2008 年之后，中国在该领域的研发力量强势崛起，大量的新发明人涌入，致使该领域的发明人总体数量和新进入该领域的发明人数量均迅猛增加，带来该领域的第二次蓬勃发展。

1.3.1.3　技术领域趋势分析

专利申请所涉及的技术主题也是判断某领域技术发展趋势的重要指标。为了研究煤制乙二醇领域技术主题的变化情况，对采集到的 335 项全球专利申请数据按已有技术主题数量和每年新增技术主题数量进行统计。图 1-21 显示了该领域全球专利申请的技术主题随年份的变化情况，其中，下部代表已有技术主题数量，上部代表新增技术主题数量。

该领域所涉技术主题数量的变化趋势与图 1-19 所示的全球专利申请量变化趋势相似，基本呈现双峰形状。从新旧主题所占比例角度看，只有少数几年新出现的技术主题多于已有技术主题，这反映该领域的研发重点始终集中于传统技术的改进与优化方面。就新出现技术主题多于已有技术主题的个别年份而言，其新出现的技术主题有些涉及已有路线的改进（如催化剂的改进），如 1974 年首次出现将 Rh 基催化剂应用于合成气直接合成乙二醇技术的专利申请，而有些则涉及新合成路线的出现，如 1978 年首次出现草酸酯氢化技术的专利申请。

综合全球专利申请的发展状况可以看出，煤制乙二醇领域 50 年的发展历程共

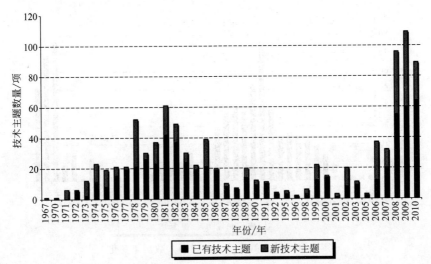

图 1-21　乙二醇全球专利申请技术主题历年变化

经历两次大发展时期和一次低谷期。20 世纪 70 年代中后期～80 年代中前期煤制乙二醇技术进入第一次大发展时期，主要表现为全球专利申请量大幅增加、更多新的发明人加入该领域、技术主题不断拓宽。随后的 20 年，该领域进入技术发展低谷期，主要表现为全球专利申请量、发明人数量、所涉技术主题量均处于较低水平。近年来，中国技术力量的崛起使得该领域重新活跃，并再次进入大发展时期，主要表现为专利申请量、发明人数量、涉及技术主题数量均大幅增加，同时大量新的发明人涌入该领域，所涉及的技术主题也得到一定程度的拓展。我国"富煤、缺油、少气"的能源结构决定煤制乙二醇技术在我国的未来若干年内仍将保持高速的发展态势。

1.3.2　乙二醇全球专利区域分析

以检索到的全球数据为基础，从区域分布及其变化趋势两方面对煤制乙二醇领域全球专利申请的区域分布情况进行分析。

1.3.2.1　区域分布分析

WPI 数据中优先权字段（即 PR）反映了某项技术的原创国家或地区信息。作为原创国提出的专利申请数量体现了某国家或地区在该领域的技术水平。为了研究煤制乙二醇领域专利申请的区域分布情况，对采集到的 355 项全球专利申请数据按优先权国家进行统计。图 1-22 显示了该领域专利技术的来源国家或地区分布情况。

由图 1-22 可见，日本、美国和中国分列煤制乙二醇领域专利申请量排名的前三甲，且申请量总和占该领域全球专利申请总量 355 项的 87％，相对于其他国家或地区具有较为明显的数量优势。其中，作为技术的原创国，日本的专利申请量

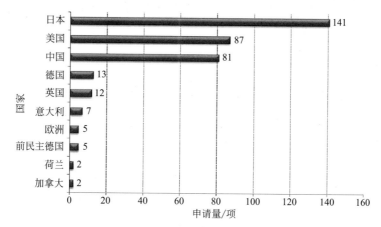

图 1-22　乙二醇全球专利申请区域分布

遥遥领先于其他国家或地区，达 141 项，占该领域全球专利申请总量的 40％。分列第二位的美国和第三位的中国，专利申请量相当，两者的申请量之和又占据该领域全球专利申请总量的 47％。

1.3.2.2　区域分布变化趋势分析

为了研究作为技术原创国的各国家或地区在煤制乙二醇领域的技术发展情况，对采集到的 355 项全球专利申请数据按优先权国家和年份进行统计。图 1-23 显示了该领域全球专利申请排名前十位的国家或地区专利申请量随年份的变化情况；表 1-12 显示了这十个国家或地区在该领域的活跃年代及近况。

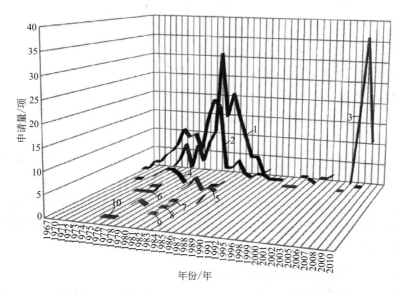

图 1-23　乙二醇全球专利技术来源国家/地区历年申请量

1—JP；2—US；3—CN；4—DE；5—GB；6—IT；7—DD；8—EP；9—CA；10—NL

表 1-12　乙二醇全球专利申请主要国家或地区专利申请现状

位次	申请量/项	国家或地区	时间跨度	近三年申请量占比/%
1	141	日本[JP]	1973～2002	0
2	87	美国[US]	1967～2008	1
3	81	中国[CN]	1985～2010	84
4	13	德国[DE]	1971～1990	0
5	12	英国[GB]	1975～1985	0
6	7	意大利[IT]	1974～1978	0
7	5	民主德国[DD]	1981～1986	0
8	5	欧洲[EP]	1977～2006	0
9	2	加拿大[CA]	1978～1982	0
10	2	荷兰[NL]	1976～1978	0

　　结合两者可见，以日本、美国为首的发达国家或地区在该领域的专利申请出现较早、申请量排名靠前，但却主要集中于技术发展的前期和中期，20 世纪 80 年代中期之后便逐渐撤出该领域，发展态势大体上与图 1-19 中前三个发展阶段相吻合。作为煤制乙二醇领域的新兴力量，中国在该领域的专利申请伴随着中国专利制度的建立而出现，发展态势大体上与图 1-19 中第四个发展阶段相吻合，即虽然专利申请的出现时间较晚，但却后来居上并主导了该领域全球专利申请量的第二次快速增长。近三年，全球专利申请绝大部分来自于中国，占近三年全球专利申请总量的 98.6%。

1.3.3　乙二醇全球专利技术分析

　　以检索到的全球数据为基础，从技术主题分布、技术主题变化趋势和技术主题区域分布三方面对煤制乙二醇领域全球专利申请的技术状况进行分析。

1.3.3.1　技术主题分布分析

　　为了研究煤制乙二醇领域技术主题的分布情况，对采集到的 335 项全球专利申请数据按合成方法进行归类与统计。图 1-24 显示了各路线涉及的专利申请量分布情况。

　　由图 1-24 可见，按合成路线归类，煤制乙二醇技术细分为九种合成方法，具体为：合成气氧化偶联法、合成气直接合成法、甲醛氢甲酰化法、甲醛羰基化法、甲醇甲醛合成法、甲醇脱氢二聚法、甲醛电化学加氢二聚法、甲醛自缩合法以及二甲醚氧化偶联法。其中，合成气氧化偶联法、合成气直接合成法和甲醛氢甲酰化法分列煤制乙二醇领域全球专利申请量排名的前三甲。

1.3.3.2　技术主题变化趋势分析

　　在煤制乙二醇领域五十年的发展历程中，不同时期技术关注点不尽相同。为了研究该领域技术主题的变化情况，对采集到的 335 项全球专利申请数据按合成

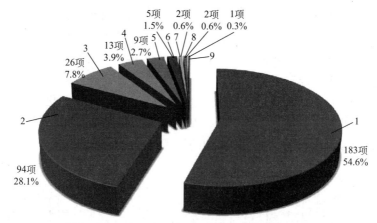

图 1-24 乙二醇全球专利申请合成路线分布统计

1—第一——合成气氧化偶联法；2—第二——合成气直接合成法；3—第二——甲醛氢甲酰化法；
4—第三——甲醛羰基化法；5—第五——甲醇甲醛合成法；6—第六——甲醇脱氢二聚法；7—第
七——甲醛电化学脱氢二聚法；8—第七——甲醛自缩合法；9—第九——二甲醚氧化偶联法

方法和年份进行统计；并且，为了分析近三年该领域所关注的技术主题，此处还重点分析了各合成路线近三年的活跃情况。表 1-13 显示了该领域各合成路线的专利申请量随年份的变化情况。

表 1-13 煤制乙二醇各合成路线全球专利申请现状

申请量/项	合成路线	时间跨度	近三年申请量占比/%
183	合成气氧化偶联法	1974～2010	36.1
94	合成气直接合成法	1967～1987	0.0
26	甲醛氢甲酰化法	1975～2010	3.8
13	甲醛羰基化法	1974～2010	23.1
9	甲醇甲醛合成法	1980～1985	0.0
5	甲醇脱氢二聚法	1981～1989	0.0
2	甲醛电化学加氢二聚法	1979～1989	0.0
2	甲醛自缩合法	1982～1990	0.0
1	二甲醚氧化偶联法	1986	0.0

由表 1-13 可见，上述九种合成路线中，合成气直接合成法起步最早，1967 年出现涉及该技术的第一件专利申请。随后，1974～1975 年间，合成气氧化偶联法、甲醛羰基化法和甲醛氢甲酰化法三种合成方法相关的专利申请相继出现。随着技术的不断发展，20 世纪 70 年代末～80 年代初，又先后出现五种不同的煤基乙二醇合成方法——甲醇甲醛合成法、甲醇脱氢二聚法、甲醛自缩合法、甲醛电化学加氢二聚法和二甲醚氧化偶联法相关的专利申请。但是，由于环境污染和难以实现工业化等原因，人们对绝大部分煤基乙二醇合成路线的研究热度都是持续了短短几年便逐渐消散。近年来，只有合成气氧化偶联法、甲醛氢甲酰化法和甲

醛羰基化法这三种合成方法仍然处于全球专利申请的活跃状态。

如前所述，从专利申请量的排名角度看，合成气氧化偶联法、合成气直接合成法和甲醛氢甲酰化法分列该领域全球专利申请量的前三甲；从近三年专利申请的活跃程度角度看，近年来只有合成气氧化偶联法、甲醛氢甲酰化法和甲醛羰基化法仍然有相关的全球专利申请出现。所以，此处将合成气氧化偶联法、合成气直接合成法、甲醛氢甲酰化法和甲醛羰基化法列为煤制乙二醇领域的主要合成路线。图 1-25 显示了这四条合成路线的申请量随年份的变化情况。

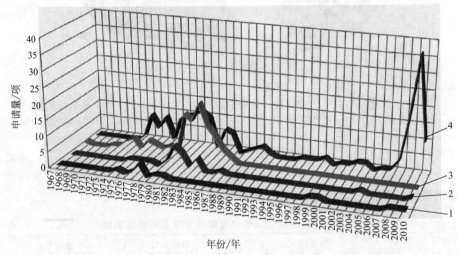

图 1-25　乙二醇全球专利申请主要合成路线历年申请量

1—甲醛羰基化法；2—甲醛氢甲酰化法；3—合成气直接合成法；4—合成气氧化偶联法

由图 1-25 可见，相关专利申请出现最早的合成气直接合成法活跃于 20 世纪七八十年代，一度成为业界关注和研发的焦点。但是，由于合成压力过高、副产物较多、催化剂回收率低、产物分离困难，有关该技术的专利申请量自 1983 年之后逐年下降，1987 年之后便再无相关专利申请出现。甲醛羰基化法和甲醛氢甲酰化法先后出现于 1974～1975 年间，所涉及的专利申请量长期处于低迷状态，年申请量始终没有突破十件，近年来更是显现被逐步淘汰的趋势。在申请量排名前四位的合成路线中，只有合成气氧化偶联法长期以来一直牵动着研发者的兴趣，其发展同样经历了"双峰一谷"过程。该技术相关的专利申请出现于 1974 年，在 20 世纪 80 年代经历第一次研发热潮之后逐渐趋于冷却，自 1988 之后的 20 年间基本处于无人问津的状态。但是，随着中国研发力量在该领域的投入与壮大，近三年，该技术相关的专利申请量增长迅猛。目前，合成气氧化偶联法已经成为煤制乙二醇领域唯一申请量居高不下的技术路线。并且，由于该方法具有原料来源广泛、价格低廉、反应条件温和、催化剂选择性高且稳定性好、产品质量好、污染少等优点，也是该领域唯一进入工业化放大研究阶段的合成路线。

1.3.3.3　技术主题区域分布分析

在煤制乙二醇领域的技术发展过程中，不同区域的技术关注点和落脚点也不尽相同。为了研究该领域技术主题的区域分布情况，对采集到的 335 项全球专利申请数据按合成方法和主要区域进行统计。图 1-26 显示了全球专利申请量排名前十位的国家或地区在各合成路线中的专利申请分布情况，其中气泡的大小反映了相应国家或地区在相应合成路线中专利申请量的多少。表 1-14 对图 1-26 横轴和纵轴的含义进行解释与说明。

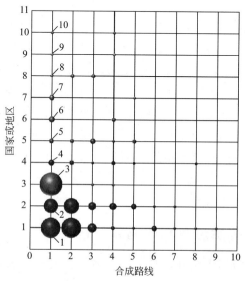

图 1-26　乙二醇全球专利申请合成路线主要国家/地区分布

1—1st——JP；2—2nd——US；3—3rd——CN；4—4th——DE；5—5th——GB；
6—6th——IT；7—7th——DD；8—7th——EP；9—9th——CA；10—9th——NL

表 1-14　图 1-26 横轴、纵轴释义

横轴	合成路线	纵轴	国家或地区
1	合成气氧化偶联法	1	日本[JP]
2	合成气直接合成法	2	美国[US]
3	甲醛氢甲酰化法	3	中国[CN]
4	甲醛羰基化法	4	德国[DE]
5	甲醇甲醛合成法	5	英国[GB]
6	甲醇脱氢二聚法	6	意大利[IT]
7	甲醛电化学加氢二聚法	7	前民主德国[DD]
8	甲醛自缩合法	8	欧洲[EP]
9	二甲醚氧化偶联法	9	加拿大[CA]
		10	荷兰[NL]

由图 1-26 可见，全球专利申请量排名前十位的国家或地区在合成气氧化偶联法领域均有涉足，但申请量仍然集中于日本、美国和中国三个申请大国手中；而对于其他合成路线，除日本在各领域均有所涉猎之外，其他各国家或地区都是有选择地进入。其中，申请量第一大国日本和申请量第二大国美国均将研发主力集中在合成气氧化偶联法和合成气直接合成法这两个技术领域，并且两者分布于该两个领域中的专利申请量均呈现基本相当的态势。与之不同，申请量第三大国中国则将主要的研发力量高度集中在合成气氧化偶联法领域，并对甲醛氢甲酰化法和甲醛羰基化法有少量涉足，而对于其他技术领域则未投入研发力量。

究其原因，由于石油价格的影响，以日、美为首的发达国家或地区早在 20 世纪六七十年代开始着手调整能源和化工原料相关战略，试图通过"多点开花"的方式寻找其他石油替代手段，但受到工业化进程遭遇技术瓶颈、国际原油价格部分回落等因素影响，这些国家于 20 世纪 80 年代中后期逐步退出煤制乙二醇领域，所以，如图 1-26 所示，日、美等国家或地区在该领域的专利申请相对分散到各合成路线中。受我国能源结构的影响，中国于 20 世纪 80 年代进入煤制乙二醇领域，在日、美等国家或地区已有技术中进行筛选之后，将研发力量集中投放到工业化前景较好的合成路线上，所以，如图 1-26 所示，中国在煤制乙二醇领域的专利申请高度集中于合成气氧化偶联法。

1.3.4　乙二醇全球专利申请人分析

以检索到的全球数据为基础，从主要申请人、主要申请人变化趋势、技术集中度和技术主题申请人分布四方面对煤制乙二醇领域全球专利申请的申请人状况进行分析。

1.3.4.1　主要申请人分析

为了研究煤制乙二醇技术的专利申请人分布情况，对采集到的 335 项全球专利申请数据按申请人进行统计。图 1-27 列举了该领域全球专利申请量排名前十位的申请人。表 1-15 对图 1-27 中涉及的申请人公司代码进行解释与说明。

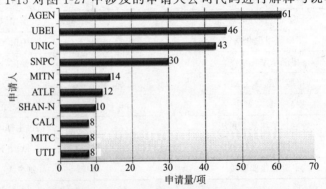

图 1-27　乙二醇全球专利主要申请人排名

表 1-15 申请人公司代码释义

CPY	英文名称	中文名称
AGEN	AGENCY OF IND & TECHNOLOGY	日本产业技术综合研究所[日本]
UBEI	UBE IND LTD UBE KOSAN KK	宇部兴产株式会社[日本]
UNIC	UNION CARBIDE CORP	联合碳化公司[美国]
SNPC	CHINA PETROCHEMICAL CO LTD CHINA PETRO-CHEM CORP CHINA PETROCHEMICAL SHANGHAI PETROCHEMIC	中国石油化工集团公司[中国]
MITN①	MITSUBISHI GAS CHEM CO INC MITSUBISHI GAS CHEM IND CO LTD	三菱瓦斯化学株式会社[日本]
ATLF	ATLANTIC RICHFIELD CO	大西洋里奇菲尔德公司[美国]
SHAN-N	SHANGHAI COKING & CHEM CORP SHANGHAI COKING CO LTD	上海焦化有限公司[中国]
CALI	CHEVRON RES CO CHEVRON RES & TECHNOLOGY CO	雪佛隆公司[美国]
MITC	MITSUI PETROCHEM IND CO LTD	三井石油化学工业株式会社[日本]
UTIJ	UNIV TIANJIN	天津大学[中国]

①此处统计时将其前身三菱化成工业株式会社（MITSUBISHI CHEM IND LTD, CPY：MITU）的专利申请一并计入，下同。

由图 1-27 可见，煤制乙二醇领域全球专利申请量排名前十位的申请人全部来自申请量位列前三甲的日本、美国和中国，其中日本申请人 4 位、美国申请人 3 位、中国申请人 3 位。结合图 1-22 所示数据可见，日本不仅是全球专利申请量最多的国家，也是该领域研发实力最为雄厚的国家，其在前十位申请人排名中占据 4 席，并且排名前两位的申请人均来自日本。

1.3.4.2 主要申请人变化趋势分析

不同申请人在不同年代的活跃程度不尽相同。为了研究各主要申请人在煤制乙二醇领域的技术发展情况，对采集到的 335 项全球专利申请数据按申请人和年份进行统计。图 1-28 显示了该领域全球专利申请量排名前十位的申请人专利申请量随年份的变化情况。

从专利申请量排名看虽然日本、美国与中国大体呈现三足鼎立之势，但由图 1-28 可见，来自日本和美国的申请人技术起步早，且活跃于煤制乙二醇技术发展的第一个高峰期，近年来，来自这两个国家的申请人已再无该领域专利产出。与之相反，来自中国的研发力量虽然起步较晚，但却带来该领域专利申请的第二个高峰期。尤其是近三年，活跃于煤制乙二醇领域的申请人全部来自于中国，它们分别是排名第四位的中石化、排名第七位的上海焦化有限公司以及排名第八位的天津大学。这与前述图 1-19 和图 1-23 所示数据相吻合。

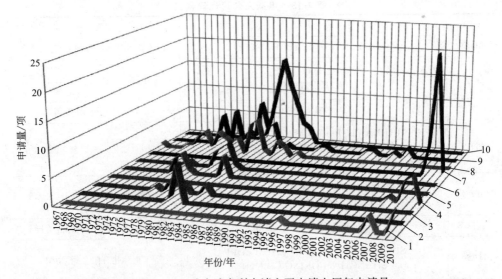

图 1-28　乙二醇全球专利申请主要申请人历年申请量

1—8th——UTU；2—8th——MITC；3—8th——CALI；4—7th——SHAN-N；5—6th——ATLF；
6—5th——MITN；7—4th——SNPC；8—3rd——UNIC；9—2nd——UBEI；10—1st——AGEN

为了研究各主要申请人的技术输出能力，对前述该领域全球专利申请量排名
前十位申请人的专利申请按仅本国申请量、他国申请量以及他国申请比例进行统
计，其中他国申请比例指某申请人面向他国的专利申请量与其在该领域的专利申
请总量的比值，结果列于表 1-16。

表 1-16　乙二醇全球专利申请主要申请人申请状况

申请人	总申请量/项	仅本国申请量/项	他国申请量/项	他国申请比例/%
日本产业技术综合研究所	61	58	3	4.9
宇部兴产株式会社	46	27	19	41.3
联合碳化公司	43	5	38	88.4
中国石油化工集团公司	30	27	3	10.0
三菱瓦斯化学株式会社	14	12	2	14.3
大西洋里奇菲尔德公司	12	8	4	33.3
上海焦化有限公司	10	10	0	0.0
雪佛隆公司	8	2	6	75.0
三井石油化学工业株式会社	8	8	0	0.0
天津大学	8	8	0	0.0

由表 1-16 可见，虽然日本的专利申请量最多，在前十位申请人排名中占据 4
席，且排名前两位的申请人均来自于日本，但是，除申请量排名第二位的宇部兴

产株式会社向他国提出的专利申请量占其专利申请总量的比例较高之外，其他三家日本公司在该领域的专利申请大多面向本国提出。而来自美国的三位申请人，尤其是联合碳化公司和雪佛隆公司面向他国的专利申请量在各自的专利申请总量中所占比例则相对很高。但是，无论是申请多集中于国内的日本还是向他国提出大量申请的美国，均活跃于 20 世纪七八十年代，时至今日，来自这些国家的专利申请大多已经超出专利的最长保护期限。所以，日本、美国对我国在煤制乙二醇领域的技术发展与专利布局已基本不具有威胁性。我国专利申请的地域分布形势与日本相近，即大多面向本国提出，只有中石化向国外提出三项专利申请，具体为向美国和南非提出两项专利申请、向印度提出一项专利申请。据数据显示，美国、南非和印度均位于全球煤炭储量达 100 亿万吨以上的八大国家之列，中石化向美国、南非和印度提出煤制乙二醇相关专利申请显示其已经开始就该领域进行全球专利战略布局。就目前而言，在已获得的煤制乙二醇领域 335 项全球专利申请数据中，南非和印度都没有有效授权存在，美国仅存在 US6455742B1、US7615671B2、US7449607B2、US7511178B2 四件授权，这对我国在这些国家进行专利布局十分有利。

1.3.4.3　技术集中度分析

为了研究煤制乙二醇领域技术的集中程度，将该领域申请人划分为排名第 1～5 位申请人、排名第 6～10 位申请人、排名第 11～20 位申请人和其他四个等级，然后按照所属申请人的不同将采集到的 342 项全球专利申请归入不同等级并进行统计。图 1-29 显示了该领域全球专利申请的技术集中度情况。

由图 1-29 可见，该领域专利申请总量 342 项的 1/2 强由名列前五位的申请人所掌握，而排名前十位的申请人则掌控该领域全球专利申请总量的约 70%。这些数据足以说明煤制乙二醇领域的技术集中度很高。

图 1-29　乙二醇全球专利技术集中度

1.3.4.4　技术主题申请人分布分析

在煤制乙二醇领域的技术发展过程中，不同申请人的技术关注点和落脚点也不尽相同。为了研究该领域技术主题的申请人分布情况，对采集到的 335 项全球专利申请数据按合成方法和主要申请人进行统计。图 1-30 显示了全球专利申请量排名前十位的申请人在各合成路线中的分布情况，其中气泡的大小反映了相应的申请人在相应合成路线中专利申请量的多少。表 1-17 对图 1-30 横轴、纵轴的含义进行解释与说明。

表 1-17　图 1-30 横轴、纵轴释义

横轴	合成路线	纵轴	申请人
1	合成气氧化偶联法	1	日本产业技术综合研究所[日本]
2	合成气直接合成法	2	宇部兴产株式会社[日本]
3	甲醛氢甲酰化法	3	联合碳化公司[美国]
4	甲醛羰基化法	4	中国石油化工集团公司[中国]
5	甲醇甲醛合成法	5	三菱瓦斯化学株式会社[日本]
6	甲醇脱氢二聚法	6	大西洋里奇菲尔德公司[美国]
7	甲醛电化学加氢二聚法	7	上海焦化有限公司[中国]
8	甲醛自缩合法	8	雪佛隆公司[美国]
9	二甲醚氧化偶联法	9	三井石油化学工业株式会社[日本]
		10	天津大学[中国]

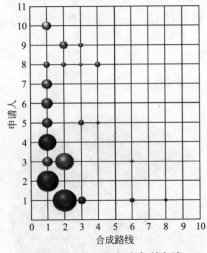

图 1-30　乙二醇全球专利申请
合成路线-主要申请人分布

纵观图 1-30，在申请量最大的合成气氧化偶联法领域，只有八位排名前十位的申请人涉足，没有进入该领域的申请人分别是排名第一位的日本产业技术综合研究所和排名并列第八位的日本三井石油化学工业株式会社；而在其他八条合成路线领域，排名前十位的申请人进入比例均不足 50%。横向比较而言，排名第一位的日本产业技术综合研究所和排名第八位的日本三井石油化学工业株式会社都将他们的研发精力主要集中在合成气直接合成法上；排名第三位的美国联合碳化公司虽然在合成气氧化偶联法和合成气直接合成法这两个技术领域均有专利申请出现，但主要的研发精力也是放在合成气直接合成法上。排名第二位的日本宇部兴产株式会社、排名第四位的中石化、排名第六位的美国大西洋里奇菲尔德公司、排名第七位的上海焦化有限公司和排名并列第八位的天津大学都只涉足申请量最大的合成气氧化偶联法领域。

在煤制乙二醇领域的全球专利申请中，如图 1-26 所示的主要国家或地区在不同技术分支领域的力量投入分配不均和图 1-30 所示的主要申请人在不同技术分支领域的力量投入分配不均，致使各分支领域的主要国家或地区排名和主要申请人排名较全球数据均发生了一定程度的变化。表 1-18 显示了图 1-25 所示的四条合成路线所涉及的主要国家或地区、主要申请人的专利申请情况。

表 1-18 乙二醇主要合成路线的主要国家或地区、主要申请人列表

项数	合成路线	主要国家或地区	主要申请人
183	合成气氧化偶联法	中国[79] 日本[58] 美国[30]	宇部兴产株式会社[46,日本]
			中国石油化工集团公司[30,中国]
			大西洋里奇菲尔德公司[12,美国]
			三菱瓦斯化学株式会社[10,日本]
			上海焦化有限公司[10,中国]
			联合碳化公司[10,美国]
94	合成气直接合成法	日本[58] 美国[35] 英国[1]	日本产业技术综合研究所[52,日本]
			联合碳化公司[32,美国]
			三井石油化学工业株式会社[6,日本]
26	甲醛氢甲酰化法	日本[11] 美国[9] 英国[4]	日本产业技术综合研究所[6,日本]
			国际壳牌研究有限公司[5,荷兰]
			哈尔康斯迪集团公司[3,美国]
			三菱瓦斯化学株式会社[3,美国]
			德士古公司[3,美国]
13	甲醛羰基化法	美国[7]	威斯康星大学校友研究基金会[2,美国]
			PPG 工业公司[2,美国]
			雪佛隆公司[2,美国]

由表 1-18 可见,在全球专利申请量排名第一位且现今唯一一条仍很活跃的合成路线——合成气氧化偶联法领域中,大于 90% 的专利申请集中在中国、日本、美国这三个申请大国手中,其中又以中国的专利申请量居首;申请人方面,申请量排名前五位的申请人所拥有的申请量总和达到 118 项,所占比例接近 65%,该数据较煤制乙二醇总体数据中的 55% 而言,技术集中度更高,并且这些申请人均属于公司类型,说明该领域在产业上具有实际的应用价值,产业对该领域的投入意愿较高。

第 **2** 章
煤基化学品中国专利分析

2.1 二甲醚中国专利分析

涉及二甲醚的专利检索截止时间为 2011 年 9 月 29 日，在中国专利数据库（CNPAT）中共检索到 681 项专利申请，经手工去噪后得到 486 项，主要涉及二甲醚的制备、分离以及燃料用途等方面，下面将针对二甲醚的技术发展趋势、区域分布以及申请人情况进行详细的分析。

2.1.1 二甲醚中国专利发展趋势分析

以检索到的中国专利数据为基础，从总体发展趋势和国内和国外来华专利申请量趋势两个方面对二甲醚中国专利的发展趋势进行分析。

2.1.1.1 总体发展趋势分析

以手工去噪后的二甲醚专利申请数据为基础（以下分析没有特殊说明的都以该数据为基础），对不同类型的专利以及申请分别进行了统计，结果如图 2-1 所示（图 2-1 中的百分数为不同类型的申请占二甲醚中国专利申请总量的比）。

图 2-1 二甲醚中国专利类型

二甲醚领域的专利申请共有 486 项，其中发明专利申请共 441 项（包括 25 项 PCT 申请），占申请总量的 90.74%；实用新型专利申请共 45 项，占申请总量的 9.26%。由图 2-1 可以看出二甲醚领域的专利申请主要以发明专利申请为主，发明专利申请是实用新型专利申请的 9.8 倍。

在 45 项实用新型专利申请中，除 1 项涉及催化剂领域，2 项涉及用途外，其余都是涉及反应设备的申请。该统计结果与化工领域的技术特点有关。化工领域的研究对象是以微观的复杂反应为基础得到的产品和工艺，技术要求高，无法直观地表达，因此大部分申请都是发明专利申请；而化工领域所用到的反应设备属于机械领域，可以通过结构直观地表达，而且，中国的化工设备并不发达，很多大型的复杂的化工设备并不通过专利的形式给予保护，因此涉及设备的专利申请量较工艺和化工产品少，往往技术含量不高，基本采用实用新型的申请方式，最终形成了发明专利申请在总申请中占绝大多数的态势。

　　将去噪后的专利申请数据按年份统计申请量，结果见图 2-2。从图 2-2 中可以看出，二甲醚领域的申请起始于 20 世纪 80 年代中期，1985～1991 年期间共 2 件申请；从 1992 年起申请量不断增长，但 90 年代期间申请量都不大；从 2000 年开始申请量从个位数提高到十位数；尤其是"十一五"期间申请量增长迅猛，2008 年达到最高峰，"十一五"期间的申请量为 311 项，占中国二甲醚专利申请总量的 63.99%。

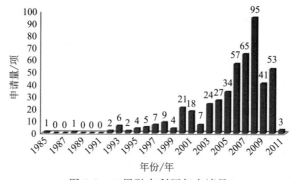

图 2-2　二甲醚专利历年申请量

　　这是由于中国于 1984 年才通过专利法，建立专利制度，一方面由于国内科研工作者对专利制度不了解，另一方面由于我国对于二甲醚的研究开发和利用起步较晚，20 世纪 90 年代初期仅有沿海发达省份少数几个企业生产二甲醚，因此国内申请的起步与二甲醚产业的起步几乎同时。20 世纪 80 年代的两篇专利申请都是国外来华申请；随着专利制度的不断发展和推进，二甲醚领域的专利申请量也随着增多。2005 年，随着国际油价的持续大幅上涨，液化气价格飙升，二甲醚开始受到关注和青睐，"十一五"期间，对于二甲醚的研究达到了高潮，申请量也表现出突飞猛进的态势，几乎每年都有十几甚至几十件的新增专利申请，直至 2008 年申请量达到 95 项。由图 2-2 的整体发展趋势和油价高企的局面可以预测，二甲醚研究的热潮将继续下去。

　　从中国有机化工专利历年申请量图可以看出，整个化工行业的专利申请呈逐年上涨趋势，没有大的波动，与我国专利制度的推进与发展速度几乎同步。通过二甲醚专利历年申请量图和中国有机化工专利历年申请量图的对比可以看出，2000 年以后，尤其是"十一五"期间，二甲醚的申请增长率明显高于同一时期化工行业申请的增长率，表明二甲醚领域在"十一五"期间开始突飞猛进的发展。从专利申请的角度也印证了，开发二甲醚作为替代和补充石油的燃料成为了人们广泛关注的焦点。

将二甲醚中国专利的审批历史作图得到图2-3，其中大圆中的百分数为不同状态下的申请量占总申请量的比，小圆中的百分数为不同状态下的申请量占授权量的比。

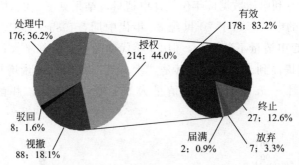

图 2-3　二甲醚专利审批历史

从二甲醚的专利审批历史图 2-3 中可以看出，二甲醚领域的专利授权率为69%［授权量/（授权量＋驳回量＋视撤量）］，与其他领域的授权率差不多，在授权的专利中，有效率为 83.2%，占授权专利的大多数。一方面是由于二甲醚领域的申请起步晚，大部分还处在保护期内，另一方面也反映出二甲醚涉及能源领域，是目前国家鼓励发展的新型燃料，受到申请人的重视。

2.1.1.2　国内和国外来华专利申请量趋势

将二甲醚领域的申请按照年份，对国内申请人和国外来华申请人的申请量分别进行统计，结果见图2-4。

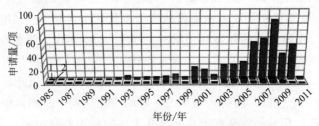

图 2-4　二甲醚中国专利国内外专利历年申请量

1—国外来华；2—国内申请

国外来华的申请比国内申请起步时间早，20 世纪 80 年代国内没有申请，2 项都是国外来华申请；从申请量上看，国外来华申请比国内申请少很多，而且国外来华申请量较平稳，数据起伏变化不大，都维持在个位数以下；国内申请起步较晚，从 1992 年以后开始，20 世纪 90 年代申请量较少，共 29 项，2000 年以后申请量快速增长，申请量由个位数攀升至十位数，尤其是"十一五"期间增长迅速，2008 年达到最高峰，2009 年以后出现回落，但仍然维持较高的数量。值得强调的是，"十一五"期间，国内申请人表现出狂热的态势，五年间共有 292 项申请，同期国外来华仅 19 项申请，国内申请是国外来华的 15 倍多。

从二甲醚专利申请的趋势分析可以总结出如下几点。

① 二甲醚领域的专利申请起步晚，发展快，"十一五"期间申请量激增，今后一段时期还将保持居高不下的态势。

② 国外申请人开创了二甲醚申请的先例，但年申请量一直没有较大的起伏，数量均维持在个位数；国内申请人在申请量上相对于国外申请人占有绝对优势。

③ 二甲醚领域授权率与其他领域持平，但专利成果保护较好，授权专利大部分都有效。

2.1.2　二甲醚中国专利区域分析

为了研究二甲醚专利的区域分布情况，从国外来华专利区域分布和国内专利区域分布两方面对采集的数据进行了分析。

2.1.2.1　国外来华专利区域分析

根据二甲醚领域专利申请人的来源，进行区域统计，结果如图 2-5 所示（图 2-5 中的百分数为各区域申请量占二甲醚中国专利申请总量的比）。

中国的专利申请量占绝对优势，占总申请量的 90%，其余分别由日本、欧洲、美国、韩国和南非占据。国外来华申请中日本最多，其次是欧洲；欧洲国家的申请中丹麦最多共 10 件，其余为德国 3 件，法国 2 件，瑞士 1 件。

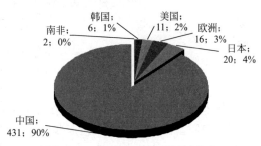

图 2-5　二甲醚专利申请区域分布

与全球专利数据的比较来看，日本在全球范围内的对外输出能力较弱，排名前十的日本申请人平均他国申请率接近 20%，比欧美申请人低很多（参见表 1-2），但日本对中国的专利申请量超过了欧美，在国外来华中排第一位，这种现象应当引起高度重视。日本是一个能源极度缺乏的国家，而中国是离日本最近且煤炭资源又较为丰富的国家，日本可能想要通过专利大面积覆盖的模式，在中国市场为自己寻找机会。

对二甲醚领域有效专利（是指已经授权且仍然在保护期内的专利，放弃、终止的除外）进行区域统计，结果如图 2-6 所示（图 2-6 中的百分数为各区域有效专利量占中国二甲醚有效专利总量的比）。中国申请人的有效专利量很大，占有效专利总量的 92%。欧洲其次（其中丹麦 4 项，法国 1 项），日本第三，美国没有有效专利。

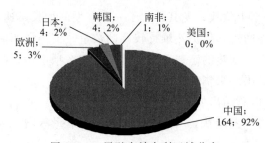

图 2-6 二甲醚有效专利区域分布

将二甲醚专利申请区域分布图（图 2-5）和二甲醚有效专利区域分布图（图 2-6）进行对比，并研究其专利申请的技术内容，可以看出，在国外来华申请中，欧洲，尤其是丹麦，专利的内容基本都是二甲醚的基础制备工艺，而且大部分是工业规模的工艺路线，技术力量相对其他国家较强；日本的申请量较多，但有效量相对较少，除去处理中的申请外，仅有约 30％的有效专利，技术含量较低。韩国的申请大部分涉及催化剂的改性，工业应用前景不高；南非的申请涉及联产工艺，比我国目前的单一模式生产更进步，对将来建立煤化工综合工业园具有良好的借鉴意义。

将二甲醚领域的国外来华申请和国内申请分别按照年份统计申请量，结果如图 2-7 所示。

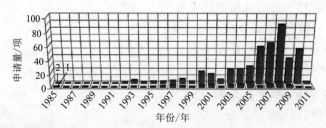

图 2-7 二甲醚专利历年申请量

1—国外来华；2—国内申请

国外来华的申请比中国国内申请起步早，但其数量并不多，并没有形成完全的专利包围圈。国内二甲醚申请起步晚，发展快，但大部分申请属于改进型发明，新工艺和流程的首次提出很少，而且技术研究的专利规划性不强，往往在国外一个新的技术理念提出之后，国内随后出现许多内容类似的发明；但可喜的是，国内的改进型发明中也不乏一些综合效率高，工业可操作性强的改进和完善，比如大连化物所提出的固定床技术的改进，这些专利对产业的发展具有真正有价值的推动作用，能够与国外来华申请形成有力竞争。

将国外来华的重点国家或地区专利申请量按年统计得到表 2-1，未显示数字表示申请量为 0。

表 2-1 重点国家或地区专利历年申请量   单位：项

申请年份	日本	欧洲	美国	韩国	南非
1985		1			
1988		1			

续表

申请年份	日本	欧洲	美国	韩国	南非
1992					
1993		1			
1994					
1995			1		
1996		1	1		
1997	3				
1998			2		
1999			1		
2000	1	2			
2001	2	2			
2002	1				
2003	1			2	
2004	3	1		1	
2005	4		1	1	2
2006	2				
2007	1	1	1	2	
2008	1	5	2		
2009	1	1	1		
2010			1		

　　从表 2-1 中可以看出日本的来华申请主要集中在 2000 年以后，欧洲的来华申请一直都比较平稳，二甲醚领域最早的申请就起源于欧洲的来华申请，欧洲对于二甲醚的研究起步早且从未间断过，说明欧洲对中国的专利策略倾向于制备工艺的技术引领，近年来其已经将一步法制备二甲醚技术作为重要的竞争手段，而且他们看好中国的二甲醚液化气市场。美国 2005 年以前的申请主要以美国气体产品与化学公司的一步法制备二甲醚工艺为代表，2005 年以后，美国公司开始了新一轮专利布局，集中在南加州大学、万罗赛斯公司和催化蒸馏公司三家，尤其是催化蒸馏法制备二甲醚的工艺是两步法制备二甲醚技术的新热点，具备一定的竞争力。欧美每隔 3～5 年提出新的专利申请，内容往往涉及新的技术点，但数量很少，每次仅 1～2 项。韩国的专利申请集中在 2003～2007 年，基本都出自 SK 财团，专利内容均涉及催化剂的改进。南非的 2 项申请都是 2005 年提出的，适逢国际油价大幅上涨的时期，这两篇申请都涉及二甲醚和烃的联产，利用含一氧化碳和氢气的合成气来制备二甲醚，将未反应的尾气进行费托合成制油，或将合成气加入费托段制油，尾气用于制二甲醚，其为煤化工多联产提供了思路。

　　将重点区域的中国专利申请的授权率和有效率等进行整理得到表 2-2。

表 2-2 重点区域专利存活率表

区域	申请量/项	处理中/项	授权量/项	授权率/%	有效量/项	有效率/%	存活率/%
中国	431	154	192	69.3	164	59.2	85.4
欧洲	16	6	6	60.0	5	50.0	83.3
日本	20	7	8	61.5	4	30.7	50.0
美国	11	6	3	60.0	0	0	0
韩国	6	2	4	100.0	4	100.0	100.0
南非	2	1	1	100.0	1	100.0	100.0
国外来华总计	55	22	22	66.7	14	42.4	63.6

注：授权率＝授权量/（申请量－处理中）；有效率＝有效量/（申请量－处理中）；存活率＝有效量/授权量。

由重点区域专利存活率表 2-2 可以看出，总体上国内申请的专利存活率比国外来华的专利存活率高。就发明类型来看，中国有效专利中有 34 项为实用新型，130 项为发明，致使发明专利有效率比总有效率低（为 56.0%），发明专利中涉及用途的为 23 项，制备工艺为 51 项（其中 32 项涉及工业规模的工艺研究，占授权工艺的 62.7%），催化剂 40 项，联产 9 项。国外来华申请中，韩国和南非的申请存活率达到了 100%，韩国的 4 项申请均涉及催化剂，南非的申请涉及煤制油和二甲醚的联产。欧洲的 6 项授权专利中，仅有 1 项放弃，其涉及二甲醚的普通分离，技术含量不高，其余的 5 项专利，1 项涉及用途，剩余 4 项均涉及工业规模的二甲醚生产工艺，技术含量较高。日本的专利虽然申请量较多，但有效率和存活率不高，仅有 1/2 得到维持，技术含量不高，内容均为保护二甲醚的燃料用途。美国的三项专利都是维持了十年左右因费用而终止，其中有两项是 BP 公司的申请，主要是关于二甲醚在柴油发动机中的应用，市场推广难度大。从上述的分析可以看出国外来华专利侧重点各有不同，欧洲侧重点在于二甲醚的制备工艺，但对下游的用途也有涉及，韩国侧重催化剂研究，日本侧重下游用途的开发，南非涉及联产产业的发展。我国的专利有效量同国外来华相比，具有一定的竞争优势，对于二甲醚上游的制备和下游的用途开发均有涉及；但通过对比也能看出，我国在涉及工艺规模的二甲醚工艺研究上与欧洲来华专利还存在一定的差距。

综合上述国外来华的几幅图表可以总结出如下几点。

① 二甲醚涉及能源领域，对煤炭资源的依赖程度较高，世界范围内，尤其是在中国对二甲醚技术的研究和竞争很激烈，从专利申请的区域分布上看，中国已经成为二甲醚的研究和生产大国。

② 国外来华专利侧重点各有不同：欧洲侧重于二甲醚工业规模的工艺流程设计，但也涉及二甲醚下游燃料用途的专利保护；美国目前的重点是两步法催化精馏工艺的研究；日本侧重于二甲醚下游燃料用途的专利保护；韩国侧重于催化剂的改进；南非侧重于煤制油和二甲醚的联产。

③ 各国专利策略运用不同，欧美注重工业技术的逐步推出和专利策略的连续

性，每隔 3～5 年推出一个新的技术点，意欲从技术上优先占领制高点，但数量少、没有形成专利包围圈；日本专利授权率和有效率不高；我国的二甲醚专利从表面看量质均可，但整体缺乏系统性，技术和专利发展的规划性较差，突破性技术的提出较少，跟风改进的发明数量较多，不过也有一些综合效率高、工业可操作性强的改进型发明，对产业的发展具有有价值的推动作用，能够与国外来华申请形成有力竞争。

2.1.2.2　国内专利区域分析

将国内二甲醚的专利申请按照地理区域统计申请量结果如图 2-8 所示（图 2-8 中的百分数为各地区专利申请量占国内二甲醚专利申请总量的比）。

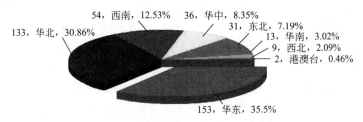

图 2-8　二甲醚中国专利地区分布

从二甲醚中国专利地区分布图 2-8 可以看出，二甲醚的专利申请最多的是华东地区，其次是华北地区，排名第三的是西南地区。

上述三个地区中科院和原化工部的科研院所以及理工类高校多，科研人才多，技术水平高，因此申请量较大。而西北地区虽然煤炭资源丰富，但技术人才少，科技较为落后，因此申请量较少。

为将专利申请区域分布与生产状况分布进行对比，将国内二甲醚的生产企业按照地区进行统计，结果如表 2-3 所示（2008 年以前的申请量数据准确，因此选用 2008 年的生产企业分布数据）。

表 2-3　2008 年二甲醚领域重要生产企业地区分布

省份	产能/万吨	企业数/个
山东(华东)	42	4
河北(华北)	125.5	5
河南(华中)	52.5	5
安徽(华中)	2	1
湖北(华中)	22.5	3
江苏(华东)	51	3
广东(华南)	30	1
陕西(西北)	6	1
四川(西南)	10	1
内蒙古(华北)	20	1

从二甲醚领域重要生产企业地区分布表 2-3 中可以看出，截至 2008 年二甲醚生产企业排名前三位的分别是河北、河南和山东。华中地区生产企业最多共 9 个；华东地区其次，生产企业共 7 个；华北地区排第三位，生产企业共 6 家。由二甲醚专利申请的地区分布图 2-8 和二甲醚领域重要生产企业地区分布表 2-3 的对比可以看出，二甲醚主要生产企业的省区分布与专利申请的省区分布不能完全重合，说明二甲醚领域的技术研究与生产区域存在一定的空间分离，不利于技术转化，尤其是不利于产业技术的发展和推进。

2.1.3 二甲醚中国专利技术分析

通过对二甲醚领域专利的保护主题、制备技术对二甲醚专利进行专利技术分析，并且着重分析了涉及二甲醚制备工艺、催化剂和设备的专利分布。

2.1.3.1 保护主题分布

将二甲醚领域的专利申请，按照权利要求保护的主题进行分类，结果如图 2-9 所示。需要指出的是，由于专利申请的权利要求书可能涉及多个保护主题，图 2-9 中存在重复计数，因此其总量大于二甲醚领域专利申请总量（图 2-9 中的百分数为每个主题的申请量占各主题申请量总和的比）。

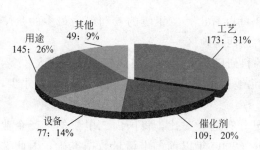

图 2-9　二甲醚专利权利要求保护主题分布

二甲醚领域的研究主要集中在二甲醚的制备（包括工艺、催化剂和设备）和用途领域，制备工艺和催化剂的申请量较大，而设备的申请量较少。图 2-9 中的"其他"包括副产二甲醚和分离工艺，所占份额很少。

关于"设备"主题的专利，77 项设备申请中有 42 项实用新型，占设备申请总量的 54.5%，基本都是小规模的生产设备；发明专利申请 35 项，其中 4 项是国外来华申请，这些申请的内容基本上都是单一反应器或反应器和精馏装置组合的申请，没有涉及整套工业反应设备的申请。

由于工业化大型复杂的生产设备并不是由一个简单的反应釜构成的，而是包括气化、空分、脱水、分离、换热等一系列的配套设备以及自动化控制系统等联合构成，其一般需要多种技术和材料的配套。上述状况从侧面反映出我国在工业化配套设备的研究和专利保护方面还需要加大力度。

将二甲醚领域的中国申请按照不同的年份分别对权利要求保护的不同主题统计申请量，结果如图 2-10 和表 2-4 所示。

为了更清晰准确地显示保护主题的变化趋势，列数据于表 2-4 中。

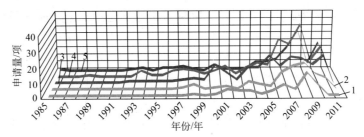

图 2-10　二甲醚专利权利要求保护主题历年申请量

1—其他；2—设备；3—用途；4—工艺；5—催化剂

表 2-4　二甲醚专利权利要求保护主题历年申请量　　　　单位：项

申请年份	催化剂	工艺	用途	设备	其他
1985	1	0	0	0	0
1986	0	0	0	0	0
1987	0	0	0	0	0
1988	0	1	0	0	0
1989	0	0	0	0	0
1990	0	0	0	0	0
1991	0	0	0	0	0
1992	1	0	1	0	0
1993	2	4	1	0	0
1994	0	1	1	0	0
1995	2	1	1	0	0
1996	2	4	1	0	0
1997	3	5	2	1	0
1998	1	4	3	3	1
1999	0	2	2	0	0
2000	4	4	12	1	1
2001	1	7	7	2	4
2002	1	2	2	2	3
2003	1	6	10	5	3
2004	6	9	10	3	1
2005	6	8	18	2	3
2006	8	25	11	11	7
2007	16	22	17	15	4
2008	28	35	16	17	15
2009	5	11	12	10	7
2010	19	20	18	7	0
2011	2	2	0	0	0
总计	109	173	145	77	49

从图 2-10 和表 2-4 可以看出，二甲醚的制备（包括工艺、催化剂和设备）以及其他（包括副产二甲醚和分离工艺）的变化趋势基本相同，20 世纪八九十年代的申请量增长很慢，起伏波动较小，2000 年以后，尤其是"十一五"期间申请量迅猛增长，2008 年达到最高峰，但设备申请明显比其他主题申请起步晚（1997 年才出现首例申请）。

分析认为，由于随着国际油价的持续大幅上涨，液化气价格飙升，二甲醚开始受到关注和青睐，"十一五"期间，众多产业资本大量涌入二甲醚产业，因此对于制备二甲醚的研究达到了高潮，2010 年以后的数据下降是由于专利公开滞后而造成的。然而，二甲醚的用途专利申请并没有表现出与制备申请相同的趋势，其在 2000 年以后有三次波动，这是由于二甲醚的产业热由其燃料用途而引发，然而该用途的开发和市场推广经历了很多波折。2000～2001 年期间，人们刚刚认识到二甲醚与柴油和液化气的性质相似，可以替代燃料柴油和液化气作为车用或民用燃料，因此二甲醚被炒得很热，随后两年由于二甲醚的气态性质车用不方便导致市场无法推广，申请量有所下降；2005 年，国际油价再次上涨，二甲醚以成本较低的优势再次引起了人们的重视，许多企业盲目使用二甲醚替代液化气，例如广州的许多液化气燃气站在利益的驱使下盲目掺混，不但燃烧值不够，而且对液化气的胶垫产生溶解作用，市场推广又一次失败，申请量也随着又一次出现回落；近一两年业界进入理性研究时期，对二甲醚掺混液化气进行深入研究，储存设备改用二甲醚不溶的胶垫，解决了二甲醚完全替代液化气出现的问题，发现二甲醚与液化气按一定比例混合，燃烧值高、成本低的优点，找到了二甲醚燃料的出路，而且国家近期已经出台和即将出台一系列政策促进二甲醚掺混液化气市场的推广，二甲醚的燃料用途将真正迎来良好的发展机遇。总体来说二甲醚领域的申请量随产业和市场的变化而波动。

2.1.3.2　燃料用途分析

二甲醚的燃料用途申请是指专利申请请求保护二甲醚作为燃料或燃料组合物的组分的产品和应用。将二甲醚领域的燃料用途专利申请，按照不同的用途类型进行分类得到图 2-11。需要指出的是，由于专利申请的权利要求书可能涉及多个保护主题，图 2-11 中存在重复计数，因此其总量大于图 2-9 中二甲醚用途专利的申请量，图 2-11 中的百分数为每个用途的申请量占各用途申请量总和的比。

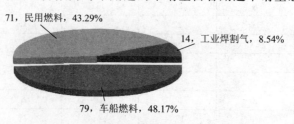

图 2-11　二甲醚不同燃料用途的申请份额

从二甲醚不同燃料用途的申请份额图 2-11 中可以看出，二甲醚的燃料用途有三种：民用燃料、车船燃料和工业焊割气，其中车船燃料和民用燃料所占比重较大，占燃料用途的 90％以上，工业焊割气用途申请量最少，不到燃料用途总申请量的 10％。

进一步分析显示，车船燃料主要涉及柴油-二甲醚复合燃料（21 项）、汽油-二甲醚复合燃料（20 项）、醇醚燃料（19 项）和液化气-二甲醚复合燃料（14 项）四个方面，车船燃料目前还处在研究阶段，没有进入市场。民用燃料的内容大部分涉及煤气、天然气和液化气与二甲醚的复合燃料，尤其是液化气领域共 44 项，约占民用燃料的 62％，二甲醚掺混的液化气复合燃料已经部分得到了市场推广。说明二甲醚的燃料用途的研究热点集中在民用燃料和车船燃料上，尤其是二甲醚掺混的液化气复合燃料已经实现了从专利技术向市场的转化。

将二甲醚燃料用途的申请逐年分别对国内申请人和国外来华申请进行统计，结果如图 2-12 所示。

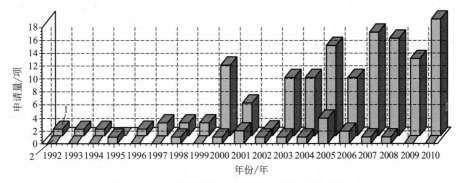

图 2-12　二甲醚用途专利的国内外历年申请量

1—国内；2—国外

二甲醚燃料用途领域专利申请的审批历史结果统计如图 2-13 所示，其中大圆中的百分数为不同状态下的申请占燃料用途总申请量的比，小圆中的百分数为不同状态下的申请占燃料用途授权量的比。

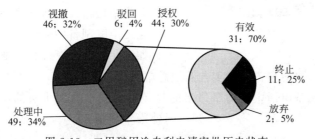

图 2-13　二甲醚用途专利申请审批历史状态

从图 2-12 和图 2-13 可以看出，二甲醚燃料用途领域的申请共 145 项（其中国内申请 129 项，占总申请量的 88.97％；国外来华申请 16 项，占总申请量的 11.03％）；处理中的申请 49 项，其中有 4 项国外来华申请。授权的申请仅有 44 项（其中 8 项是国外来华申请），平均授权率为 45.8％（其中国外来华授权率为 66.7％，与二甲醚国外来华平均授权率相同，国内授权率为 38.1％），可见二甲醚燃料用途领域的授权率远远低于国内二甲醚领域的平均授权率（69.3％）。在授权的申请中有 31 项维持有效，其中 5 项国外来华申请，其有效率为 41.7％，与二甲醚领域国外来华的平均有效率 42.4％相差不大；国内申请的有效率仅为 30.9％，不仅低于国外来华申请的有效率，而且远远低于国内二甲醚领域的平均有效率（59.2％）（参见表 2-2）。

综上所述可以看出：

① 二甲醚燃料用途的研究热点集中在民用燃料和车船燃料上，尤其是二甲醚掺混的液化气复合燃料已经实现了从专利技术向市场的转化。

② 国内申请人对二甲醚用途申请的专利数量较多，申请量是国外来华的 8 倍多，但国内申请在该领域的专利质量低于二甲醚领域的平均水平，授权率和有效率与国内二甲醚申请的平均水平相差二十几个百分点，国外来华申请在二甲醚燃料用途领域技高一筹，授权率和有效率均比国内高，且与国外来华二甲醚申请的平均水平持平。

2.1.3.3　制备技术分析

二甲醚的制备技术业界目前主要有一步法和两步法两条工艺路线，一步法是指由合成气一次合成二甲醚，两步法是由合成气先合成甲醇，然后再由甲醇脱水制取二甲醚。其每条工艺路线都有三个要素：制备方法、催化剂和设备。以下分别对工艺路线以及每条工艺路线中的不同要素进行技术分析。

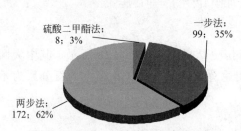

图 2-14　不同工艺路线的申请量份额

（1）制备工艺路线总体分析　分析二甲醚制备工艺的专利申请内容时发现，二甲醚的制备除了业界已知的一步法和两步法这两条工艺路线以外，还出现了以甲烷为原料经硫酸酯脱水的硫酸二甲酯法路线。将三种不同的工艺路线在二甲醚制备中所占的份额作图，结果如图 2-14 所示（图 2-14 中的百分数为每种工艺路线的申请量占三种工艺路线总申请量总和的比）。

二甲醚的制备申请中申请量最多的是经甲醇脱水的两步法的申请，在两步法申请中国内申请 154 项，占 89.5％，国外来华申请 18 项，占 10.5％；申请量居第二位的是合成气一步法制备二甲醚的申请，在一步法申请中国内申请 83 项，占 83.8％，国外来华申请 16 项，占 16.2％。

文献研究显示，甲醇脱水制备二甲醚的两步法工艺是最早出现的二甲醚制备工艺，由美国埃克森公司于 1962 年公开，在固定床反应器中以沸石为催化剂使甲醇脱水形成二甲醚；两步法制备二甲醚的工艺一直延续至今，是目前工业上广泛使用的方法，申请量占二甲醚制备工艺总量的大部分；其还可以细分为甲醇液相脱水法和甲醇固相脱水法。

合成气一步法制备二甲醚的技术最早是由意大利的 SNAMPROGETTI 公司公开的，其公开了将含 CO、CO_2 和 H_2 的合成气通过甲醇合成和甲醇脱水均具有活性的催化剂得到二甲醚，随后一步法又发展出了浆态床、固定床、醇醚联产和流化床工艺，但由于一步法的工业化技术尚未成熟，在大型化装置和催化剂两项关键技术方面亟需突破性进展，因此目前一步法制备二甲醚的工艺在世界范围内都没有实现工业化，其还处在摸索和研究阶段，其申请量比两步法少。

申请量最少的是甲烷经硫酸二甲酯脱水制备二甲醚的硫酸二甲酯法，该方法中虽然有 2 件是国外来华申请，但申请人均是中国人肖钢；其余的 6 件申请人是北京汉能科技有限公司，第一发明人也是肖钢，因此这 8 件申请都是由肖钢做出的发明；由于硫酸二甲酯法利用甲烷为原料，甲烷分子本身比较稳定，反应难度大，而且该方法利用硫酸酯会造成严重的污染，其工业化前景不高，因此这方面的研究不多，申请量很少。

将二甲醚制备的申请按不同年份分别对不同工艺路线的申请量进行统计，结果如图 2-15 所示。

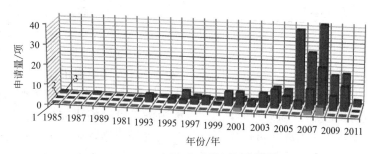

图 2-15　不同工艺路线历年申请量

1—硫酸二甲酯法；2—一步法；3—两步法

为了更清晰显示不同工艺申请量随年份变化情况，制作了表 2-5。

表 2-5　不同工艺路线历年申请量　　　　　　单位：项

申请年份	两步法	一步法	硫酸二甲酯法
1985	1	0	0
1986	0	0	0
1987	0	0	0
1988	1	0	0
1989	0	0	0

续表

申请年份	两步法	一步法	硫酸二甲酯法
1990	0	0	0
1991	0	0	0
1992	0	1	0
1993	1	4	0
1994	1	0	0
1995	1	2	0
1996	4	2	0
1997	2	3	0
1998	1	4	0
1999	1	1	0
2000	1	7	0
2001	2	7	2
2002	1	3	0
2003	3	6	0
2004	8	8	0
2005	7	6	0
2006	37	2	0
2007	26	9	2
2008	40	20	4
2009	15	5	0
2010	16	9	0
2011	3	0	0
总计	172	99	8

从图 2-15 和表 2-5 可以看出，20 世纪 90 年代以后，一步法制备二甲醚的研究比两步法活跃；进入"十一五"以后，两步法制备二甲醚的申请量突然成倍的增长，而一步法制备工艺整体发展比较平稳，仅在 2008 年出现了大幅增长。

研究这些专利的技术内容可知，一步法制备二甲醚的研究仍然处在实验室或小试阶段，虽然其工艺流程可以实现，但是装置投资高，生产成本高，催化剂要求高、用量大，装置大型化难度大，因此没有真正实现工业规模；但是合成气一步法制备二甲醚具有反应优势，转化率高，其将合成甲醇反应和甲醇脱水反应在一个反应器中完成，省去了相应中间过程，使反应更直接和简洁，因此如果在催化剂和设备上有所突破，一步法将是产煤地区生产二甲醚的首要选择。两步法制备二甲醚在"十一五"期间进入了工业示范阶段，各种不同的工艺日趋成熟，产业投资大，上马项目产能高，研究较多。而硫酸二甲酯法采用甲烷为原料，反应相对比较难，反应成本比较高，而且硫酸酯容易降解成硫酸和甲醇，很容易污染环境和腐蚀设备，路线不适合大型工业化，因此研究很少，仅有汉能公司在研究。

在制备二甲醚的专利申请中，有多种不同的原料，各种原料所占份额如图 2-16 所示（图 2-16 中的百分数为每种原料的申请量占各原料申请量总和的比）。其中甲醇占 57%，用于两步法制备二甲醚；合成气、甲烷、二氧化碳和水煤气分别占28%、7%、4%和2%，它们既可以用于一步法制备二甲醚，也可以用于两步法制备二甲醚，其中二氧化碳和水煤气也可以通过变换变成合成气；其他原料为非煤来源的原料，包括：垃圾填埋气、焦炉气和工业烟气。说明我国目前的二甲醚制备主要依靠以煤为源头的原料。

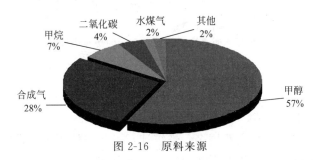

图 2-16　原料来源

(2) 两步法技术分析　两步法制备二甲醚的工艺路线包括三个基本要素：工艺、催化剂和设备，因此形成了权利要求保护的不同主题。对两步法路线中权利要求保护的三个主题的申请分别进行统计得到图 2-17（图 2-17 中百分数为每个主题申请量占三个主题申请量总和的比，由于包括多个主题的申请重复计数，图 2-17 中的申请量总和大于两步法制备二甲醚的申请量）。

两步法路线中工艺主题研究最多，设备主题研究最少。其中在工艺申请中，国内申请 92 项，占 85.2%，国外来华申请 16 项，占 14.8%。

目前的两步法工艺有气相法和液相法两种，液相法是指甲醇以液态方式进行的脱水反应，气相法是指甲醇

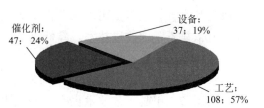

图 2-17　两步法中各保护主题的申请份额

以气相方式进行的脱水反应，这两种方法在我国都已达到了工业化规模。在催化剂申请中，国内申请 43 项，占 91.5%，国外来华申请 4 项，占 8.5%；两步法催化剂主要分为液体酸催化剂和固体酸催化剂，国内申请人对催化剂的改进研究很多，分别对各类催化剂的组分进行了改进，并发展出了不同类型的催化剂组合在一起的复合催化剂。在设备申请中，国内申请 36 项，占97.3%，但这其中有 23 项实用新型专利申请，占国内申请量的 63.9%，国外来华申请仅 1 项，是发明专利申请。由此可见，在两步法制备二甲醚的研究中，国内申请人申请数量多，主要集中于两步法工艺的研究，设备申请少，技术含量较低。

按照年份对两步法中不同主题的申请分别进行统计，结果如图 2-18 所示。

从图 2-18 中可以看出，两步法制备二甲醚的申请起始于 1985 年，80～90 年

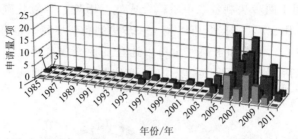

图 2-18 两步法中各保护主题的历年申请量

1—设备；2—催化剂；3—工艺

代期间申请很少，从 1993 年以后工艺申请基本没有间断过，催化剂申请在 2004 年以前只有零星几件申请，设备申请起步很晚，直到 2004 年才出现，三个主题在 2006 年以后申请量均出现大幅增多，经统计，工艺、催化剂和设备三个主题在该时期的申请量分别占其总申请量的 74%、84% 和 97%。

"十一五"期间，两步法生产二甲醚的技术在我国进入了工业化示范阶段，以中煤集团、神华集团、久泰能源、新奥集团、大唐电力等为代表的各大煤炭企业都纷纷上马大规模的二甲醚制备项目（年产 50 万吨级以上），近期中石化也积极投入其中。因此，两步法生产二甲醚在我国已经形成了大规模竞争的态势。从专利内容上看，专利申请基本都停留在已有技术的改进上，尤其是工业化技术的不断改进和完善，技术上出现飞跃性突破或开拓型发明的可能性不大，因此各大企业只有依靠不断地改进技术，降低成本，节能减排，才能在竞争中立于不败之地。

在两步法制备二甲醚的工艺中（108 项），有许多不同的工艺方法，包括液相法、气相法和混相法。随着技术的发展和进步，催化剂的不断更新和综合利用，两步法制备二甲醚工艺技术也在不断地更新换代。甲醇液相脱水法演变出了催化蒸馏法和混相法，甲醇固相脱水法发展出了固定床法、流化床法和浆态床法。将两步法制备二甲醚的过程中涉及的不同制备工艺方法进行细分类，结果如图 2-19 所示（注：一件申请涉及多种工艺方法的在气相法总数中计为一件，但在细分类中对不同的工艺分别计数，图 2-19 中大圆的百分数为每种工艺方法的申请量占两步法工艺申请量的比，小圆的百分数为每种工艺的申请量占气相法申请量的比）。

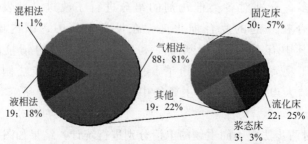

图 2-19 两步法中不同工艺的申请份额

由两步法中不同工艺的申请份额图 2-19 可以看出，气相法占主导地位，比例高于 80%，其包括固定床工艺、流化床工艺和浆态床工艺（其他指实验室或小试阶段的申请），液相法仅占 18%（其中有 2 项国外来华申请，内容涉及催化蒸馏工艺）。

研究认为，液相法申请少的原因是，早期的液相法以中石化为代表，采用浓硫酸作催化剂，对设备腐蚀性强，中间产物硫酸氢甲酯有毒，污染环境，因此该方法逐渐被淘汰；2001 年，李奇公开了硫酸和磷酸复合的液相复合酸催化剂，克服了传统的液相法的缺点，该专利被山东久泰化工科技股份有限公司收购（李奇是该公司的副总经理，作为该项目的发明人荣获世界知识产权组织设立的专项奖），该技术成为现在久泰能源集团独家生产二甲醚的技术；近年来以中科院大连化学物理研究所（简称大连化物所）为代表的申请人，发明了在固体酸上使甲醇进行液相脱水的新型液相法工艺，即催化蒸馏（也叫催化精馏）脱水工艺（共 10项申请，占液相法的 53%），克服了传统液相法的缺点，反应和脱水在一个反应器中进行，反应温度和压力都较低，提高了二甲醚的选择性和转化率，大大降低了生产成本，该方法将使液相法重新焕发生机，是工业化的发展新方向。

气相法工艺中包括固定床、流化床和浆态床三种工艺。

固定床工艺申请量最多，占气相法工艺申请的 57%（其中国外来华申请 11 项，占固定床工艺的 22%）。20 世纪 80～90 年代德国莱茵河褐煤动力燃料联合有限公司（即 RWE-DEA 矿物油公司）就在中国申请了固定床法二甲醚脱水的专利；原化工部西南化工研究设计院也在 20 世纪 90 年代申请了采用冷激式反应器的甲醇固定床脱水制备二甲醚的方法，该方法随后得到了广泛的工业化应用，但产能规模都比较小；"十一五"期间，大连化物所开发了一系列大型的固定床脱水生产二甲醚的方法，通过调节不同催化剂床层的甲醇进料量来控制甲醇脱水催化剂床层温度的分布，减少副反应发生，延长催化剂寿命，该方法克服了固定床大型化不易控温的缺点；由于固定床法工艺简单，研究较成熟，易于大型化，因此长期以来，固定床甲醇气相脱水法是我国工业上主要使用的制备二甲醚的工艺。

流化床工艺排名第二，占气相法工艺申请的 25%（其中 4 项国外来华申请，占流化床工艺的 18%），20 世纪 80 年代后期德国 RWE-DEA 矿物油公司在中国申请的二甲醚脱水的专利中就提及了流化床工艺；"十一五"期间中石化、泸天化、大连化物所、天辰工程公司等也相继进行了研究和申请，开发出了提升管流化床技术和循环流化床技术；流化床法与固定床法相比具有反应体系温度易于控制，催化剂更新、再生容易，可以保持催化剂活性稳定的优点，因此在工业上应用也较多，申请量也比较大。虽然气相法的研究很多，工业化程度也比较高，但是，气相法也存在一定的缺点，例如流程长、能耗高等，也不是最理想的方法。

由以上分析可以看出，虽然两步法制备二甲醚工艺的研究已经比较成熟且走上了工业化，但由于各种方法都有自身的缺点，因此未来的工业研究将主要集中在改进现有技术使之不断完善上，比如降低能耗等方面，同时液相催化蒸馏法以其独特的优势将会成为工业应用的一个新研究热点。

将两步法制备二甲醚的液相法工艺和气相法工艺分别根据不同的年份统计申请量，结果如图 2-20 所示。

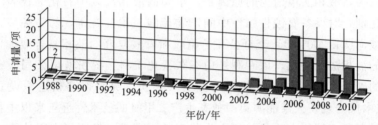

图 2-20　两步法中不同工艺的历年申请量
1—液相法；2—气相法

从两步法中不同工艺的专利历年申请量图 2-20 中可以看出，两步法工艺的申请起始于 1988 年，其中气相法研究很活跃，申请主要集中在 2006～2008 年，这三年中的气相法申请量占气相法总申请量的 58%，这一时期，大规模的二甲醚项目在各地纷纷上马，一些二甲醚的生产企业也加入到专利申请的行列中来，比如四川泸天化集团、新奥集团、成都天成碳一化工有限公司等。

液相法申请起始于 1994 年，申请量不多，都维持在 5 项以下，变化幅度也不大。从内容上看，近几年的研究除了硫酸磷酸复合酸催化以外，主要集中在催化蒸馏工艺上，该工艺的申请量占液相法申请的 47%，其中国外来华申请 2 项，占 22%，国内申请 7 项，占 78%。

将气相法中三种不同工艺分别对不同的年代进行申请量统计，得到表 2-6。

表 2-6　气相法不同工艺的申请量趋势　　　　　　　　　　单位：项

项目	固定床	流化床	浆态床
20 世纪 80 年代	1	1	0
20 世纪 90 年代	3	0	0
2000～2005 年	7	0	2
2006 年以后	39	21	1

气相法制备二甲醚的工艺研究主要集中在 2006 年以后，且固定床工艺和流化床工艺研究较多。20 世纪 80 年代的申请是国外来华申请，内容涉及固定床和流化床工艺；90 年代的气相法申请内容均涉及固定床，其中有两件是国外来华申请；2000～2005 年之间的气相法申请，主要涉及固定床工艺，7 项申请中有 4 件国外来华申请，浆态床工艺均为国内申请；2006 年以后，固定床和流化床的申请量增幅均很大，其中国内申请占绝大多数，仅有 4 项国外来华申请，涉及固定床 3 项，

流化床 3 项，浆态床 1 项。

由上述分析可以看出，两步法制备二甲醚工艺的研究主要集中在固定床工艺上，且国外来华申请起步早，2006 年以后流化床工艺的研究迅速增多，其将成为气相法工艺的另一个热点。

为进一步研究催化剂的类型分布，将两步法制备二甲醚中涉及的催化剂类型进行细分类，如图 2-21 所示（图 2-21 中的百分数为每种催化剂的申请量占各种催化剂申请量总和的比，包括多种类型催化剂的申请重复计数，因此图 2-21 中显示出的各种类型催化剂申请总量大于两步法制备二甲醚中催化剂主题的申请量）。

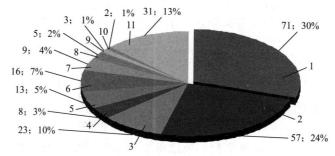

图 2-21　两步法中各种催化剂的份额

1—Al$_2$O$_3$；2—沸石/分子筛；3—SiO$_2$；4—杂多酸；5—离子交换树脂；6—硫酸；

7—磷酸；8—阳离子型液体；9—含氟双磺酸；10—甲磺酸；11—复合催化剂

两步法申请中涉及的各种催化剂的不同份额见图 2-21，从中可以看出，催化剂主要分为三类。

第一类是固体酸催化剂（包括 Al$_2$O$_3$、沸石/分子筛、SiO$_2$、杂多酸、离子交换树脂），申请量最多，占各类催化剂申请总量的 72％。最早的固体酸催化剂是由美国埃克森公司于 1962 年公开的沸石催化剂，二氧化硅甲醇脱水等；后来日本的槽达公司于 1976 年公开了 Al$_2$O$_3$ 催化剂；因此，甲醇脱水的基础固体酸催化剂都是由国外发明的。我国对于催化剂的研究，是在这些基础上进行的改进，大部分的固体酸催化剂研究集中于用金属离子、铵离子硫酸盐或磷酸盐等对基础催化剂进行改进，这些申请大都属于基础研究，很少能够得到工业应用，被业界提及的在工业上应用的是西南化工研究设计院开发的 CM-3-1 型分子筛催化剂，中石化上海石化研究院的 D-4 型 Al$_2$O$_3$ 催化剂。

第二类是液体酸催化剂（包括硫酸、磷酸、阳离子型液体、含氟双磺酸、甲磺酸），占各类催化剂申请总量的 15％。这类催化剂国外来华申请并未涉及，均为国内申请，国内首先使用浓硫酸作催化剂，由于其腐蚀设备，污染严重，又发展出硫酸和磷酸复合酸催化剂，这两种催化剂在工业上都得到了应用；后来的阳离子型液体、含氟双磺酸、甲磺酸催化剂仅仅处于研究阶段，由于经济成本等原因，不适合工业使用。第三类是复合催化剂,是指由各种不同的催化剂复合在一起形成的催化剂,占各类催化剂申请总量 13%。该类催化剂可以是固-固复合、液-液复合或固-液复合,复合催化剂是在液体酸催化剂和固体酸催化剂的基础上发展而来的。

由以上的分析总结出两步法制备二甲醚的申请存在如下特点:

① 二甲醚两步法制备申请大部分为工艺方法申请,包括气相、液相、混相三种方法,其中大部分为气相法;气相法工业工艺包括固定床、流化床和浆态床三种,主要以固定床工艺为主导,流化床慢慢成为另一个热点;液相法中,以液体酸为催化剂的传统液相法的研究均为国内申请人;以固体酸为催化剂的催化精馏法成为液相法新的研究热点,具有工业化前景。

② 催化剂领域的申请主要集中在"十一五"期间,种类繁多,但可工业化的优质申请很少。

③ 设备申请量少,起步晚,技术含量低。

④ 国外申请人重视固定床、流化床和催化精馏工艺,申请量占 20%左右,明显高于二甲醚领域国外来华的平均比例。

(3) 一步法技术分析 一步法制备二甲醚的工艺路线包括三个基本要素:工艺、催化剂和设备,因此形成了权利要求保护的不同主题。对一步法路线中权利要求保护的三个主题的申请分别进行统计,得到图 2-22(图 2-22 中百分数为每个主题申请量占三个主题申请量总和的比,由于包括多个主题的申请重复计数,图 2-22 中的申请量总和大于一步法制备二甲醚的申请量)。

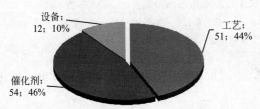

图 2-22 一步法中各保护主题的申请份额

在一步法中,催化剂的申请量所占比重最高,其次是工艺,最后是设备(其中有 3 项是实用新型专利申请)。这点与两步法有很大不同,两步法中工艺超过一半的份额,催化剂仅占 1/4。

这种差别的原因在于,一步法中催化剂容易失活,甲醇脱水催化剂的酸中心和甲醇合成催化剂相互作用导致加速失活,两种催化剂的最佳温度范围不匹配,提高反应温度,也降低了催化剂的寿命,这一难题,迄今连国际上从事工业催化剂研发的丹麦托普索公司也难以解决;一步法催化剂是目前一步法技术无法继续推进工业化的一个难题,所以目前对于一步法催化剂的研究较多。

在催化剂申请中,国内申请 51 项,占催化剂申请总量的 94.4%;国外来华申请 3 项,占 5.6%。工艺申请中,国内申请 35 项,占 68.6%,国外来华申请 16 项,占 31.4%。

在工艺申请中,业界比较出名的是丹麦托普索公司的醇醚联产工艺,托普索的 TIGAS 固定床工艺，三菱重工的 AMSTG 固定床工艺，美国气体产品与化学的 LPDME 鼓泡浆态床工艺，日本 NKK 鼓泡浆态床工艺，大连化物所的固定床工艺，清华大学循环浆态床工艺，华东理工大学的鼓泡浆态床工艺；由于一步法工艺还处于研究阶段，并没有进入工业化，而且国内一步法工艺的研究在世界范围的研究进程中比两步法起步早，技术与国外水平相当，因此在一步法实现工业化时，中国一步法工艺有望对国外形成强劲的竞争压力。

设备申请中，国内申请 10 项，占 83.3%，国外来华 2 项，占 16.7%；由于合成气一步法的化学反应为强放热反应，而由于催化剂耐热限度和副反应增加等原因，反应温度又不能过高，因此反应器必须有很强的换热能力，以便移走大量热量，这就决定了该反应器体积大，容积效率低的特点，使装置的大型化受到影响，设备成为阻碍一步法工业化的另一个难题，目前设备申请量不多，该难题的解决还有待时日。

按照年份对一步法中不同主题的申请分别进行统计，结果如图 2-23 所示。从历年申请量图 2-23 中可以看出，一步法制备二甲醚的申请起始于 1992 年，除 1994 年间断外，一步法申请量都比较平稳；但近 8 年内除设备领域波动不大外（设备申请起源于 1997 年），工艺和催化剂的研究（尤其是一步法催化剂）增长迅速。

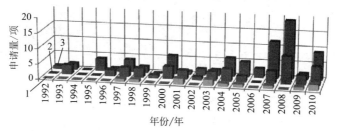

图 2-23　一步法中各保护主题的历年申请量

1—设备；2—工艺；3—催化剂

从专利内容上看，国内对于一步法工艺研究近年来形成了快速发展的趋势，形成了一批有价值的专利技术，比如大连化物所的固定床工艺，清华大学循环浆态床工艺，华东理工大学的鼓泡浆态床工艺。国内对一步法催化剂的研究较多，一步法催化剂都是双功能催化剂，包括甲醇生成催化剂和甲醇脱水催化剂，甲醇生成催化剂都是 Cu 基催化剂，甲醇脱水催化剂是两步法中所用的脱水催化剂，催化剂领域申请迅速增长的原因在于，大部分研究都集中在催化剂组分的改性上，但这些改进的工业化前景不高；近期还出现了催化剂结构的改进（壳核结构），也仍然处在小规模试验阶段，总体来说一步法催化剂领域的研究没有取得突破性的进展；而设备申请起步晚，数量少，研究难度大，一直是国内的短板。

将一步法制备二甲醚的过程中涉及的不同制备工艺方法（共 51 项）进行细分类，结果如图 2-24 所示（注：一件申请涉及多种工艺方法的在一步法工艺总数中

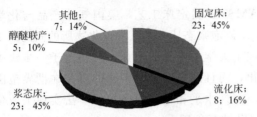

图 2-24　一步法中不同工艺的申请份额

计为一件，但在细分类中对不同的工艺分别计数，图 2-24 中百分数为每种工艺方法的申请量占一步法工艺申请量的比)。

一步法工艺中研究最多的是固定床工艺 (共 23 项，其中国外来华申请 2 项，占 8.7%，以丹麦托普索公司为代表) 和浆态床工艺 (共 23 项，其中国外来华申请 6 项，占 26.1%，以美国气体产品与化学公司和日本傑富意控股株式会社为代表)；其次是流化床工艺 (共 8 项，其中国外来华申请 2 项，占 25.0%)；醇醚联产工艺最少 (共 5 项，其中国外来华申请 3 项，占 60.0%，以丹麦托普索公司为代表)；其他指普通合成反应器方法，或实验室小试阶段的申请，还没有形成真正规模化的工艺。

将一步法制备二甲醚的固定床工艺、浆态床工艺和流化床工艺分别根据不同的年份统计申请量，结果如图 2-25 所示。

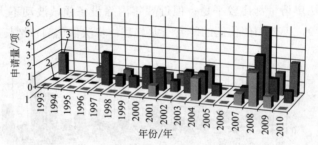

图 2-25　一步法不同工艺的专利历年申请量

1—流化床；2—浆态床；3—固定床

由一步法不同工艺方法的历年申请量图 2-25 可以看出，一步法工艺的申请起始于 1993 年，固定床和浆态床工艺的研究比较活跃，近几年也出现了流化床工艺 (申请起始于 2001 年)，与两步法比较来看还没有形成大规模快速发展的态势。由上述的技术分析可以看出，一步法合成二甲醚的工艺研究较多，成果也比较多，国内外已经出现了七八条业界公认的工艺路线，其工艺流程已经基本可以实现，但是由于其在催化剂和设备这两个关键技术方面亟需突破性进展，因此其工业化还有待时日；由于一步法工艺具有过程简单、生产成本低、转化率高的优点，将会成本产煤地区二甲醚生产的又一个不错选择，因此国外申请人已经开始了一步法工艺的专利布局；正如前面所分析的国内的一步法工艺技术与国外水平相当，因此有望在一步法实现工业化的时候形成极具竞争力的国产一步法技术。

由上述分析总结出一步法制备二甲醚的申请存在如下特点。

① 一步法申请中催化剂和工艺申请并重，设备申请起步晚，申请量少，难题未解决。

② 一步法工艺申请中固定床和浆态床工艺是主流；固定床工艺国内研究较多，醇醚联产工艺国外来华较多，浆态床和流化床工艺国外来华约占 1/4。

③ 一步法催化剂的研究大部分集中于双功能催化剂的改进，无突破性进展。

④ 三个要素中，国外来华申请注重工艺研究。

从上述的技术分析可以总结出如下几点。

① 二甲醚制备领域的申请主要集中于两步法和一步法两条工艺路线，两步法申请量大，接近一步法申请量的 2 倍。

② 两步法研究起步早，前期由国外来华申请领军，国内申请主要集中在"十一五"期间，工艺路线成熟，已经实现工业化，研究方向集中于现有工艺的改进；一步法研究起步晚，国内和国外技术发展水平相当，催化剂和设备难题未突破，还处在研究阶段。

③ 一步法和两步法技术内容各有特点：两步法申请重工艺，催化剂改性价值不高，已经形成了具产业规模的气相法和液相法。气相法中，固定床和流化床法是主体，早期由国外来华申请主导，国内研究集中在工业规模的改进上。传统液相法仅存在国内申请，催化精馏法是液相法新的技术热点。一步法申请中工艺和催化剂并驾齐驱，研究主要集中在固定床和浆态床工艺，双功能催化剂的研究集中于组分改性未取得突破性进展。

④ 不论哪种工艺路线，设备申请均呈现出量少、质差的态势。

2.1.4　二甲醚中国专利申请人分析

以检索到的中国数据为基础，从申请人总体情况、燃料用途领域申请人情况、制备领域申请人情况三方面对二甲醚中国专利申请的申请人分布状况进行分析。

2.1.4.1　申请人总体分析

对去噪后二甲醚中国专利申请的申请人进行统计，按照同一申请人申请量的多少排出前十位，如图 2-26 所示。

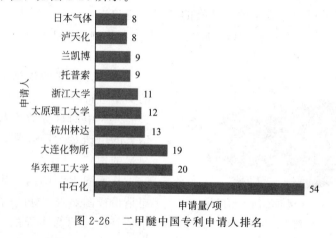

图 2-26　二甲醚中国专利申请人排名

从二甲醚的申请人排名中可以看出，中石化遥遥领先，甚至超过了第2～4名的总和，紧随其后的是华东理工大学和大连化物所（即中科院大连化学物理研究所）；在排名前十位的申请人当中有两个国外申请人，一个是托普索（即丹麦的托普索公司），一个是日本气体（即日本气体合成株式会社）。从数量上看，中国申请人的申请量相对于国外申请人占绝对优势。

将所有国内申请人按照不同的类型进行统计，结果如图 2-27 所示（图 2-27 中的百分数为每种类型的申请人的申请量占国内二甲醚申请总量的比）。从不同类型的国内申请人的申请份额图 2-27 可以看出，公司类型的申请人申请量最多为38%，其次是科研院所（包括研究院所和高校）占30%，个人申请排名第三占27%，公司和科研院所联合申请较少（仅占4%）。

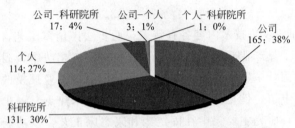

图 2-27　不同类型国内申请人二甲醚申请量份额

进一步分析发现，中石化作为公司申请人申请量很大，将公司类型的申请人份额提高了不少，但中石化的申请主要以石油化工科学研究院（31 项申请）和上海石油化工研究院（16 项申请）这两家研究院的申请为主，占中石化总申请量的87%。因此，实际上二甲醚领域的申请主要是以科研院所为主，生产企业的申请量很少。以上结果从侧面反映出，技术力量大部分集中在科研院所当中，二甲醚领域的产、学、研严重脱钩，除中石化外，企业与科研院所之间和合作较少，科研院所虽然技术力量较强，但脱离生产企业，技术不能得到更大规模的放大和实施，而企业没有主动与科研院所联合，没有在技术开发的前期就介入，而是被动地等待成熟的技术浮出水面。这种局面导致实验室规模的专利申请和技术很多，但大部分由于资金、条件等原因无法进一步进行中试、放大、小型工业化到大型工业示范，使得科技成果难于转化为能够实际应用的工业化技术，不利于科技创新。

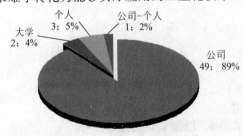

图 2-28　二甲醚不同类型国外来华申请人的申请份额

将国外来华的申请，按照申请人的类型进行统计，结果如图 2-28 所示（图 2-28 中的百分数为每种类型的申请人的申请量占国外来华二甲醚申请总量的比）。

从不同类型的国外来华申请人的申请份额图 2-28 中可以看出，国外的申请是以公司为主导的，大学和个人申请所占份额很少。其中 3 项个人申请中有 2 项申请人是肖钢（中国人，曾任职托普索，现在是汉能科技有限公司的科研人员）在丹麦的申请，还有 1 项由日本申请人提出。两件大学的申请都涉及二氧化碳向二甲醚的转化，属于实验室规模的基础研究，工业化前景不确定。公司申请人基本集中于几家业内的知名公司，例如德国矿物油、丹麦托普索、日本气体合成、美国气体产品与化学等公司。与国内申请人类型比较可以得出，外国公司重视技术研究和开发，注重科技创新和专利技术的支撑。

2.1.4.2　燃料用途领域申请人分析

将二甲醚燃料用途领域的申请人进行统计，按照同一申请人申请量的多少排出前十位，如图 2-29 所示。

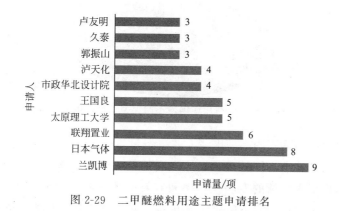

图 2-29　二甲醚燃料用途主题申请排名

从二甲醚用途主题的申请人排名图 2-29 可以看出，排名第一的是兰凯博（即北京兰凯博能源科技有限公司），该公司是一家主营新能源汽油的公司，该公司的 9 项申请均涉及二甲醚在汽油中的添加用途，且都在 2010 年提交，状态在处理中；排名第二的是日本气体合成株式会社，其来华申请起始于 2004 年，该公司的申请均涉及二甲醚在液化气中的用途，该公司的申请已有 3 项获得授权，并且都有效，还有 3 项正在处理中；排名第三的是联翔置业（即上海联翔置业有限公司），该公司是一家综合性的民营企业，其申请开始于 2006 年，有 1 项获得授权，其他都在处理中；太原理工大学的申请除 2 项还在处理中外，其他都已经不是有效专利；市政华北设计院（即中国市政华北设计研究院）的 4 项申请均涉及二甲醚在液化气或城市燃气中的掺烧，有 2 项获得授权，还有 2 项在处理中；泸天化［即泸天化（集团）有限公司］和久泰（即久泰能源集团）是两家二甲醚的大型生产企业，尤其是久泰参与了二甲醚掺烧液化气国家标准的制定，泸天化有 3 项申请获得授权，1 项正在处理中，而久泰的 3 项申请全部视撤；王国良、郭振山和卢友明都是个人申请人，除郭振山的 3 项申请还在处理中，其余两人的申请均视撤。从二甲醚燃料用途的申请人排名可以看出，国内二甲醚生产企业对于二甲醚的下游产业链的专利保护意识不强，申请量不多，而且专利授权率低，质量不高；日本气体合成株式会社对二甲醚燃料用途专利在中国的布局比较多，专利撰写技巧性强，基本都是以生产工艺的方式对用途进行保护，授权率高，对中国的威胁大；国内申请人，尤其是二甲醚生产企业应当提高警惕，加强专利保护意识，防止下游产业链被国外控制。

对二甲醚燃料用途领域的国内申请人类型进行统计，结果如图 2-30 所示（图 2-30 中的百分数为每种类型的申请人的申请量占国内二甲醚燃料用途申请总量的比）。

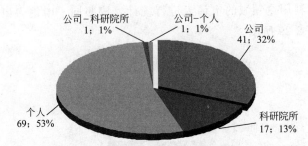

图 2-30　二甲醚燃料用途国内不同类型申请人申请量份额

从二甲醚燃料用途不同类型申请人的申请量份额图 2-30 可以看出，与二甲醚总体申请人类型的特点不同的是，用途专利的个人申请最多。但从前面的燃料用途分析可以看出个人申请的专利授权率和有效率都较低，质量不高；燃料用途申请中公司申请排第二位，科研院所仅排在第三位。相对于二甲醚的制备领域而言，国内企业相对于科研院所对于二甲醚下游产业的专利保护兴趣较高。值得注意的是，该领域还有 16 项国外来华申请（其中仅有 1 项个人申请，其余均为公司申请，占 93％以上），这些公司申请人除了排名前十之中的日本气体合成株式会社以外，还有英国石油公司（世界最大的石油和石化集团之一），丹麦托普索公司（研究炼油、能源、煤化工领域的工艺和催化剂），法国道达尔公司（全球四大石油化工公司之一），日本三菱重工株式会社，日本三菱瓦斯株式会社（属于日本最大的财团之一的三菱财团，业务涉及能源、装备等），日本岩谷产业株式会社（液化气供应商），日本狮王株式会社（主营化学品），日本伊藤忠商事株式会社（世界 500强的综合性贸易公司）。从这些企业的业务范围、经济实力可以看出，他们几乎都是涉足能源领域的大财团，能源是经济发展和企业生存的必需品，这些国际大财团已经瞄准了二甲醚的下游产业——燃料用途，纷纷着手在中国进行布局。

2.1.4.3　制备领域申请人分析

二甲醚制备领域的申请一般请求保护三种类型的主题：工艺、催化剂和设备，以下分别对三种不同的主题进行申请人分析。

（1）工艺主题申请人分析　将权利要求请求保护工艺主题的申请人进行统计，

按照同一申请人申请量的多少排出前九位，结果如图 2-31 所示。

结合图 2-31 的工艺主题的申请人排名和深入研究这些申请人的技术内容可以看出，中石化、大连化物所和华东理工大学分列前三位，他们都是国内业界公认的煤制二甲醚领域技术力量较强的申请人；浙江大学的申请大部分涉及催化剂，而且多处在实验室阶段；汉能科技（即汉能科技

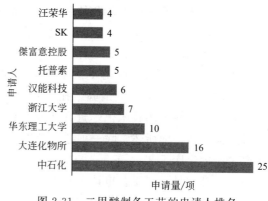

图 2-31　二甲醚制备工艺的申请人排名

有限公司）的所有申请都是利用甲烷或甲醇通过硫酸二甲酯法制备醇醚混合物，其发明人都是肖钢（即前面提到的国外来华的个人申请人之一），而且所有的硫酸二甲酯法工艺（包括国外来华的 2 项）的申请都是肖钢提出的；托普索（丹麦）、傑富意控股（即日本傑富意控股株式会社）和 SK（即韩国 SK 株式会社）都是国外申请人，虽然他们的申请量不大，但是如前面的专利存活率表中所反映的，托普索公司的专利有效率高，是业界公认的技术过硬公司；傑富意控股的 5 项申请中，除 1 项还在处理中，其他 4 项均不是有效专利，竞争力不强；SK 是韩国的能源公司，其对华申请比其他国外公司晚，其 4 项申请除 2 项在处理中外，其他 2 项都已经授权。工艺申请人中的汪荣华是中科院成都有机化学研究所的退休职工，一直从事煤化工方面的研究。

由于二甲醚的制备工艺分为两步法和一步法，按照不同的工艺类型对同一申请人的申请量多少进行排名，前几位的结果见表 2-7。

表 2-7　二甲醚不同制备工艺的申请人排名

排名	一步法		两步法	
	公司名称	申请量/项	公司名称	申请量/项
1	华东理工大学	7	中石化	22
2	大连化物所	6	大连化物所	10
3	托普索（丹麦）	5	浙江大学	5
4	傑富意控股（日本）	5	汪荣华	4
5	中石化	3	SK（韩国）	4

结合制备工艺申请人排名图 2-31 和不同制备工艺的申请人排名表 2-7 可以看出，中石化在两步法工艺上申请量明显偏重；中石化对合成气一步法制备二甲醚的研究较少，都集中在浆态床工艺。大连化物所技术比较全面，一步法和两步法都有研究，一步法中固定床、浆态床和醇醚联产工艺都有涉猎；两步法主要涉及

固定床工艺,此外流化床工艺和催化精馏工艺也有研究。华东理工大学均集中于一步法研究,技术较全面,固定床、流化床以及浆态床工艺都有涉及,最近的一篇申请涉及浆态床工艺,是其与神华集团的联合申请,这有利于该一步法浆态床工艺的工业化。浙江大学的两步法工艺都是固定床,其重点在催化剂的研究上。汪荣华的申请基本都是小试试验。托普索公司的申请有1项涉及醇醚联产工艺,其余主要关注点在分离技术上,近几年重点都在二氧化碳的吸收和分离方面。傑富意控股的申请如前所述,除一项还在处理中外,其他都不是有效申请。SK的申请大部分是固定床工艺。

值得注意的是,在工艺申请中有2项申请比较特殊,都是国外多个公司的联合申请,由道达尔公司和以丰田株式会社、国际石油开发株式会社和日本石油资源开发株式会社等多家日本公司的联合申请,2项申请均涉及一步法工艺。道达尔公司和日本的8家公司组成的财团成立了二甲醚开发公司,计划建设2500t/d的商业化二甲醚生产装置;日本财团(三菱瓦斯化学公司、日挥公司、三菱重工公司和伊藤忠商事)组成的合资公司在澳大利亚建设140万~240万吨/年的大规模二甲醚装置(已于2006年投产),他们又在中国联合申请了一步法制备二甲醚的工艺,意欲通过专利和强大的财力进入中国市场。

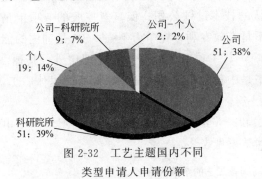

图 2-32 工艺主题国内不同类型申请人申请份额

对二甲醚工艺主题国内申请人的类型进行统计,结果如图 2-32 所示(图 2-32 中的百分数为每种类型的申请人的申请量占国内二甲醚工艺主题申请总量的比)。

由工艺主题不同类型的国内申请人份额图 2-32 可以看出,公司申请和科研院所申请势均力敌,公司和科研院所的联合申请比总体数据稍好,但仍然反映出产、学、研分离的状态。

(2) 催化剂主题申请人分析 将权利要求请求保护催化剂和催化剂的制备的主题申请的申请人进行统计,按照同一申请人申请量的多少排出前十位,结果如图 2-33 所示。

从催化剂主题的申请人排名可以看出,中石化申请量最高,其中有1项是南京化学工业有限公司催化剂厂(现为中石化的下属企业)与华东理工大学的联合申请,6项由石油化工科学研究院提出,10项由上海石油化工研究院提出,说明中石化在催化剂领域的申请基本都是上述两家研究院的科研成果。浙江大学、大连化物所、山西煤化所(即中科院山西煤炭化学研究所)和西南院(即西南化工研究设计院)的申请主要涉及一步法和两步法催化剂组分的改进。太原理工大学除涉及催化剂的组分改性外,他们还提出了两步法催化剂壳核结构的改进。绍兴

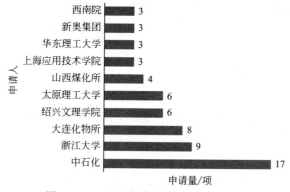

图 2-33　二甲醚催化剂主题的申请排名

文理学院的催化剂申请均涉及通用反应的催化剂，并不是制备二甲醚的专用催化剂。上海应用技术学院和华东理工大学均涉及一步法反应催化剂。新奥集团均涉及两步法反应催化剂的组分改进。

　　对两步法和一步法催化剂申请的申请人分别进行排名，前几位的结果见表 2-8。

表 2-8　不同工艺催化剂的申请人排名

排名	一步法		两步法	
	公司名称	申请量/项	公司名称	申请量/项
1	中石化	10	中石化	6
2	浙江大学	4	浙江大学	5
3	太原理工大学	4	大连化物所	4
4	大连化物所	4	新奥集团	3
5	华东理工大学	3		

　　结合二甲醚催化剂主题申请人排名图 2-33 和不同工艺催化剂的申请人排名表 2-8 可以看出中石化的两个研究所在催化剂领域的申请量多，技术力量强；浙江大学虽然数量多，但获得授权的大部分是催化剂的制备方法，技术含量不高；大连化物所在催化剂领域研究得较深入和全面，一步法和两步法催化剂均衡发展；西南院的催化剂申请从申请时间上看起步较早（1997 年首次申请），但其内容较分散，数量不多没有形成系列申请。

　　将涉及二甲醚催化剂主题的国内申请人按不同类型进行统计，结果如图 2-34 所示（图 2-34 中的百分数为每种类型的申请人的申请量占国内二甲醚催化剂主题申请总量的比）。

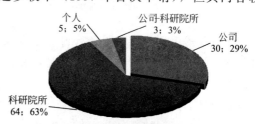

图 2-34　催化剂主题国内不同
类型申请人申请份额

　　从催化剂主题不同类型申请人申

请份额图 2-34 可以看出，国内的科研院所在催化剂领域的研究最多，申请量最大，占总量的 63%，但从内容上看科研院所关于催化剂的申请大多停留在组分改进等基础研究阶段，真正能够转化为工业化可应用的催化剂的数量不多。公司类型的申请人中有一半都被中石化占据（其 94% 以上的申请由石科院和上海化工院提出），其余的申请主要分别由新奥集团（主要从事煤基清洁能源技术的研发与试验）、大连瑞克科技有限公司（技术依托大连化物所）、中国天辰化学工程公司（原化工部第一设计院）提出。这些公司申请人都是煤化工领域技术实力较强的公司，而且技术能力大部分依托于科研院所。

（3）设备主题申请人分析　将权利要求请求保护设备主题的申请人进行统计，按照同一申请人申请量的多少排出前六位，结果如图 2-35 所示。

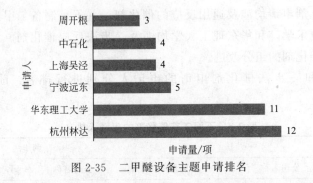

图 2-35　二甲醚设备主题申请排名

在二甲醚设备主题中将国内申请人按照不同类型进行统计，结果如图 2-36 所示（图 2-36 中的百分数为每种类型的申请人的申请量占国内二甲醚设备主题申请总量的比）。

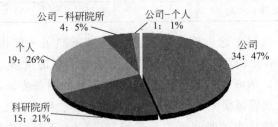

图 2-36　二甲醚设备主题国内不同类型申请人申请份额

从设备的申请人排名图 2-35 中和设备主题不同类型申请人申请份额图 2-36 可以看出，与催化剂领域明显不同的是，在设备领域，公司研究比较多，技术力量比较强。杭州林达（即杭州林达化工技术工程有限公司，从事化学工程技术开发和设备设计的高科技企业）、宁波远东（即宁波远东化工集团有限公司，一家集化工研发与服务、工程设计与咨询、设备制造与安装调试于一体的高科技集团）、上海吴泾（即上海吴泾化工有限公司，是擅长化学工程设计、安装等的知名国企）。

科研院所的研究主要是以华东理工大学（擅长工程设计）为代表，占整个科研院所申请量的 73%，其余由山东科技大学和中科院广州能源所提出。个人申请包括周开根在内，大部分是实用新型申请，技术含量不高，工业化前景很低。

从二甲醚制备的三个不同主题的申请人分析可以看出，除了中石化和华东理工大学在三个主题中都能排在前列以外，其他的申请人仅仅都在其各自的领域独自做研究。除了反映出产、学、研严重脱钩的问题之外，还表现出基础研究、工艺研究和工程设计之间联系不紧密，合作较少（工业化生产的实现需要基础研究、工艺研究和工程设计之间的合作才能完成），因此严重阻碍了二甲醚的技术创新和工业化进程。本领域的公司、科研院所和工程设计单位之间应加强合作和交流，以加快二甲醚领域的工业化进程。

综合申请人分析的结果，可以得出如下结论：

① 从排名上看，国内申请人占绝对优势，排名前十的申请人中仅有一个外国申请人且仅居第十位；中石化在排名上遥遥领先，成为该领域专利申请的领军人物，华东理工大学和大连化物所紧随其后。

② 从申请人类型对比上看，国内外具有明显的差异：国外的创新主体绝大部分是公司，科研院所申请很少且仅涉及实验室阶段的理论基础研究；国内创新主体几乎呈公司、科研院所和个人三足鼎立的局面，从技术内容上看，除中石化以外，二甲醚领域的技术力量大部分集中于科研院所当中，科研院所和公司联合少，产、学、研严重脱钩，不利于科技成果向产业技术的转化，延缓了产业技术创新的步伐。

③ 从二甲醚产业上下游申请人对比上看，个人申请主要集中在下游燃料用途领域，占个人申请总量的 60% 以上；公司申请人相对于科研院所对上游制备技术的创新和专利保护意识不及下游产品，下游燃料用途领域的公司申请是科研院所申请量的 2 倍多，而上游制备领域的公司申请仅为科研院所申请的 85%；上游的二甲醚生产企业对下游产品及其用途的专利保护重视不够，申请量少，质量不高，国外申请人对下游的燃料用途很重视，申请撰写质量技高一等。

④ 从不同技术主题的申请人对比可以看出，三类主题的申请人重合度不高，反映出我国基础研究、工艺研究和工程设计之间联合较少，技术配套较差的现状，表明我国离现代工业一体化的目标还有一定差距。

2.2　醋酸中国专利分析

截至 2011 年 9 月 29 日，通过中国专利检索系统（CPRS）进行检索，进行手工去噪后，筛选出 297 项涉及醋酸的中国专利申请（其中国内申请 119 项，国外来华申请 178 项）。醋酸中国专利的分析结果如下。

2.2.1 醋酸中国专利发展趋势分析

以检索到的中国专利数据为基础，从总体分析、总体发展趋势、国内和国外来华专利申请量趋势三个方面对中国专利的发展趋势进行了分析。

2.2.1.1 醋酸领域专利总体分析

在醋酸领域专利总体分析中，课题组分析了醋酸领域专利的类型和申请状态。

首先，课题组将检索得到的全部 297 项专利按照发明、实用新型进行分类，并且将发明进一步标引为通过 PCT 方式进入中国国家阶段的专利申请和非 PCT 申请。所得结果如图 2-37 所示。

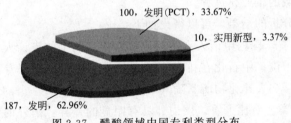

图 2-37　醋酸领域中国专利类型分布

醋酸领域以发明专利为主，实用新型比例很低，PCT 比例较高。醋酸领域仅有 10 项实用新型专利申请，所占比例仅为 3.37%，其余均为发明专利申请，发明专利申请的比例高达 96.63%。由于醋酸的制备对反应器的要求不高，醋酸的专利主要集中于工艺和催化剂，使得醋酸领域的专利申请集中于发明专利申请。

此外，醋酸领域的 PCT 专利申请量高达 100 项，所占比例为 33.9%，是本课题五个大宗化学品中比例最高的。由于我国人力成本低廉，并且我国目前已经是世界醋酸产能第一大国，外国各大公司通过各种方式进入中国市场，因而国外公司对我国醋酸市场的关注程度较高，通过 PCT 方式进入中国国家阶段的专利申请量较大。

首先，课题组将检索得到的全部 297 项专利按照授权、视撤、驳回和处理中进行分类，并且将授权专利按照有效和放弃进一步分类，所得结果如图 2-38 所示。

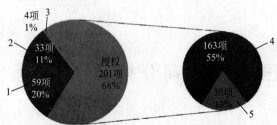

图 2-38　醋酸领域中国专利总体情况

1—处理中；2—视撤；3—驳回；4—有效；5—放弃

醋酸领域总计 297 项申请，其中获得授予专利权的专利申请总计 201 项（68%），视撤的专利申请总计 33 项（11%），驳回的专利申请总计 4 项（1%），正在处理中的专利总计 59 项（20%）。在获得授予专利权的 201 项申请中，目前仍然保持有效的专利总计 163 项，占总量的 55%；由于没有缴纳年费或者保护期届满等原因失效的专利总计 38 项，占总量的 13%。

2.2.1.2　总体发展趋势分析

为了研究醋酸专利技术的发展情况，课题组统计了 1985~2011 年的历年申请量、历年有效专利量和历年授权率。

醋酸领域的专利申请呈总体上升趋势，2009 年申请量达到了 30 项。2010 年和 2011 年的部分专利还没有公开，还不能反映准确的申请状况。值得关注的是，在 1998 年、2001 年和 2007 年出现三次回落，如图 2-39 所示。

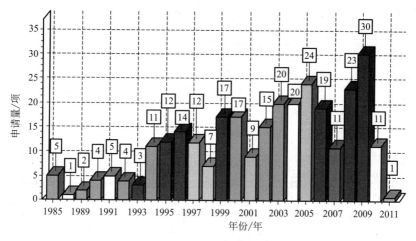

图 2-39　醋酸领域专利申请量

金融危机和石油价格降低使得 1997 年专利申请量降低。1998 年醋酸的价格大幅走低，使得醋酸申请量在 1998 年达到一个低点。2001 年的"9·11"事件加深了全球经济的萧条和石油价格的降低，同样影响了醋酸产业的发展，进而影响了 2001 年的醋酸申请量。

为了分析各个年度醋酸领域的有效专利量变化情况，课题组统计了各个年份的有效专利量，所得结果如图 2-40 所示。

醋酸的有效专利在 2005 年之前是呈总体上升趋势，2006 年以后，由于还有大量国外来华申请还没有结束实质审查，有效专利量降低，如图 2-41 所示。

醋酸领域的专利授权率较高，1985~2005 年之间的授权率平均达到了 0.83。1997 年申请了 12 项专利，12 项专利均获得授权。总体看，醋酸领域专利的授权率很高。

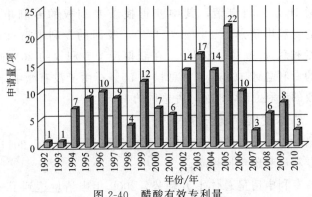

图 2-40 醋酸有效专利量

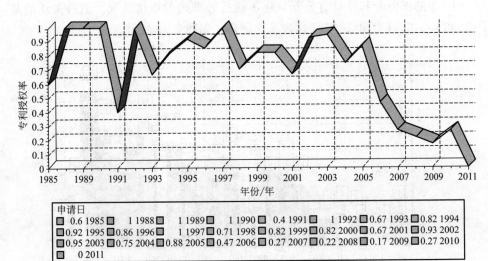

图 2-41 醋酸领域中国专利历年授权率

2.2.1.3 国内和国外来华专利申请量趋势

为了研究醋酸专利技术的发展情况，对 1985～2011 年国内和国外来华专利申请量的逐年变化情况分别进行了统计，如图 2-42 所示。

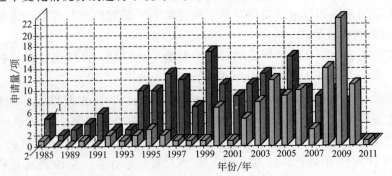

图 2-42 醋酸中国专利国内外专利申请量

1—国外；2—国内

　　国外来华专利申请量在 1999 年之前总体呈上升趋势，2000 之后数量保持相对稳定，数据变化不大。国内申请人申请量在 2000 年之前较少，后期快速增长。

　　2000 年以前，由于国内研究人员对专利的认识不足，国内申请量一直保持在相对较低的水平。2001 年加入世贸组织之后，特别是几次大的专利纠纷产生了深远的影响，我国研究人员逐步认识到专利对企业发展的重要性，国内申请人的专利申请量大幅增加。2004 年之后，国内申请量首次超过了国外来华申请量，并且在 2008 年以后大幅超过了国外来华专利申请量。

　　从中国专利发展趋势分析可以看出，醋酸领域以发明专利为主，实用新型比例很低，PCT 比例较高；醋酸领域的专利申请呈总体上升趋势；醋酸领域专利授权率较高。

2.2.2　醋酸中国专利区域分析

　　为了研究醋酸专利的区域分布情况，从中国专利申请人国籍分布和国内申请人专利申请区域分布两方面对采集的数据进行分析，分析了有效专利国籍分布。

2.2.2.1　醋酸专利申请人国籍分布分析

　　为了研究各个国家在我国醋酸领域的专利申请情况，课题组对醋酸领域的专利申请人进行了国籍分布分析，各个国家在醋酸领域的申请量份额如图 2-43 所示。

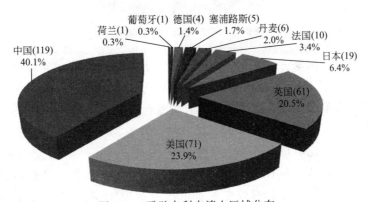

图 2-43　醋酸专利申请人区域分布

　　国外来华申请人申请量占有较大比重。从专利申请的国家分布来看，我国申请人在醋酸领域的申请量排名第一。然而从国内和国外的角度来看，中国申请人的专利有 119 项，仅占 40.1%，而国外来华的专利申请量高达 178 项，占 59.9%。

　　从国外来华申请专利的国家的角度来看，国外来华申请专利较多的国家是美国、英国、日本和法国，其申请量依次分别为 71 项、61 项、19 项和 10 项，所占比例分别为 23.9%、20.5%、6.4% 和 3.4%。

　　目前工业上应用最为广泛的路线为美国的孟山都工艺，在孟山都工艺的基础上，英国石油化学品公司开发了 Cativa 工艺（该工艺首先在韩国三星公司的装置上应用成功，重庆扬子江乙酰化工有限公司和南京 BP 也在应用该工艺）、美国塞拉尼斯国际公司开发了 AO-Plus 低水工艺（1980 年）和 Silverguard 工艺。美国联合碳化公司开发了合成气直接工艺、日本千代田株式会社开发了 Acetica 工艺。

　　美国塞拉尼斯国际公司、英国石油化学品公司和日本千代田株式会社等几个大公司均在中国申请了一系列专利，因而在醋酸领域，美国、英国和日本的在华申请量较多。丹麦托普索公司开发了合成气间接工艺，使得丹麦在醋酸领域也有一席之地。

　　各个国家在醋酸领域的有效专利所占的份额如图 2-44 所示。

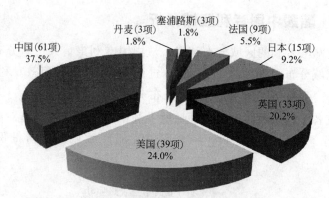

图 2-44　醋酸有效专利区域分布

　　从有效专利的国家分布来看，我国申请人有效专利占醋酸领域中国全部有效专利的 37.5％，排名第一，美国、英国和日本分别位列第 2～4 位。从国内和国外的视角来看，在醋酸领域，我国申请人有效专利有 59 项，仅占 37.5％，而国外来华的专利申请量高达 102 项，占 62.5％。从有效专利的数量来看，外国申请人占有较大比重，而且比申请所占的比重更大。

　　从国外来华有效专利的国家的角度来看，国外来华有效专利较多的国家是美国、英国、日本和法国，其有效专利量依次分别为 39 项、33 项、15 项和 9 项，所占比例分别为 24.0％、20.2％、9.2％和 5.5％。

　　从醋酸专利申请国籍分布图 2-43 和醋酸有效专利国籍分布图 2-44 的对比可以看出，国外来华申请中，美国的技术力量最强，对国内威胁最大；英国、日本和丹麦的几个公司的在华专利申请也不容小觑。

　　课题组针对醋酸领域的重点国家，统计了各个国家在我国申请专利的总量（申请量）、完成实质审查的专利申请总量（完成审查量）、获得授权的专利申请的总量（授权量）、当前仍然维持专利权有效的专利申请的总量（存活量），并且相应地计算出各个重点国家在我国申请专利的授权率和存活率，所得结果如表 2-9 所示。

表 2-9　国家或地区专利存活率

国别	申请量/项	完成审查量/项	授权量/项	授权率/%	存活量/项	存活率/%
中国	119	93	81	87	61	75
美国	71	55	45	82	39	87
英国	61	48	42	87.5	33	79
日本	19	18	15	83	15	100
法国	10	10	9	90	9	100
丹麦	6	5	3	60	3	100
塞浦路斯	5	3	3	100	3	100
德国	4	4	2	50	0	0
葡萄牙	1	1	0	0	0	0
荷兰	1	1	1	100	0	0

注：授权率＝授权量/完成审查量；存活率＝有效量/授权量。

　　国外来华申请人在醋酸领域的专利申请授权率较高，荷兰、塞浦路斯、法国、美国和日本的授权率分别为 100%、100%、90%、82% 和 83%。

　　国外来华申请人除了在中国进行专利布局以外，还非常注重在中国的专利保护，专利保护意识非常强烈，日本、法国、丹麦和塞浦路斯的专利存活率居然高达 100%，尤其是日本，授予专利权的 15 项专利申请全部维持有效。美国和英国的专利存活率也高于中国。

2.2.2.2　国内专利申请人区域分析

　　为了研究国内各省市在醋酸领域的专利申请情况，对国内申请的省市分布情况进行了分析，各个省市在醋酸领域的申请量份额如图 2-45 所示。

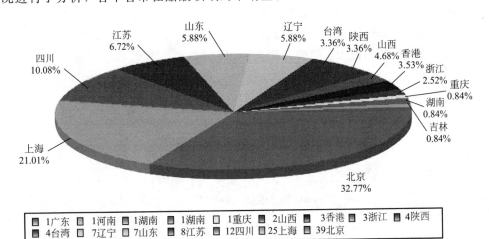

图 2-45　醋酸中国专利省区分布

　　醋酸领域的申请主要集中于北京、上海、四川、江苏、山东和辽宁。根据郑州商品交易所研究发展部 2011 年 5 月发布的《甲醇现货研究报告》中公开的数据，我国的醋酸生产企业的产能按照省份排名依次是：江苏、山东、河北、上海、重庆和河南，而专利申请量排在前列的北京、四川和辽宁并没有规模以上的醋酸生产能力。

位于北京的中国科学院化学研究所申请了大量有关醋酸的专利，使得北京在申请人省市排名中名列第一。位于四川的西南化工研究设计院是我国醋酸领域非常重要的研究和设计单位，具有我国自主知识产权的"甲醇低压液相羰基合成醋酸反应方法"，我国江苏索普集团和兖州煤矿集团公司均采用了西南化工研究设计院的技术，使得四川的专利申请量排名名列第三。位于辽宁省大连市的中国科学院大连化学物理研究所同样为我国醋酸领域重要的科研单位，使得辽宁的醋酸专利申请量相对靠前。

从申请量分布和省市产能分布印证了在全国范围内，技术研究和实际生产存在着较为严重的脱节。在醋酸的工业发展中，我们应当注意技术研究和实际产业化的结合。

从中国专利申请人区域分布可以看出，国外来华申请人申请量占有较大比重，有效专利量占有更大的比重；国外来华申请人专利保护意识非常强烈；在全国范围内，技术研究和实际生产存在着较为严重的脱节。

2.2.3 醋酸中国专利技术分析

通过对醋酸领域专利的保护主题、制备技术对醋酸专利进行专利技术分析，并且着重分析了涉及甲醇羰基化工艺和甲醇羰基化催化剂的专利分布。

2.2.3.1 保护主题分布

醋酸专利申请主要集中于工艺、催化剂和设备这三种保护主题。课题组对检索结果的保护主题进行了标引和统计分析。由于同一专利可能涉及多个保护主题，因此图 2-46 中专利总数大于醋酸专利总数 297 项。这三种保护主题所占的份额如图 2-46 所示。

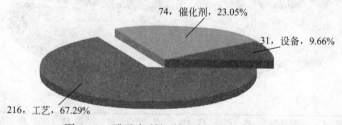

图 2-46　醋酸专利权利要求保护主题份额

从各个技术主题的专利申请量来看，醋酸领域的专利申请主要着眼于工艺技术，有关工艺的专利申请比例高达 67.29%，次重点是催化剂的研究，所占比例为 23.05%，而有关设备和装置的专利申请非常少，仅占 9.66%。这反映出醋酸领域的研究热点在于工艺和催化剂，而对于设备的申请，则不太关注。

课题组在对检索结果进行分析时，发现国内申请与国外来华专利申请所关注的重点不同，国外来华专利着眼于工艺技术，而国内申请以催化剂为主。课题组分别统计了国内申请与国外来华专利申请的保护主题情况，所得结果如表 2-10 所示。

表 2-10　权利要求保护主题份额　　　　　　　　　　单位：%

项目	工艺	催化剂	设备
国内申请	39.68	44.44	15.87
国外来华	85.13	9.23	5.64

国内申请主要关注于催化剂的研究，对醋酸工艺的关注度较低。国外来华申请人更加注重在醋酸工艺领域的布局。

为了分析各个保护主题的专利申请在各个年份的申请情况，课题组统计了各个保护主题的专利的历年申请量，所得结果如图 2-47 所示。

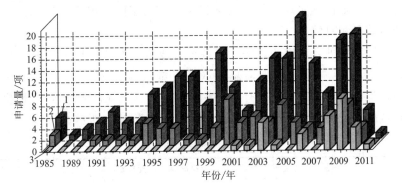

图 2-47　醋酸专利各个保护主题的专利年申请量
1—工艺；2—催化剂；3—设备

从中国专利制度建立以来的整个时间段来看，醋酸专利申请中，涉及工艺的专利申请不但数量上占据主要趋势，并且上升趋势明显，属于重点研究领域；涉及催化剂的专利数量保持稳定，对催化剂的研究一直是醋酸领域的热点；在 2001 年之前，没有涉及设备和成套装置的专利申请在中国提交，而 2003 年以来，涉及设备和装置的专利申请量增长明显，说明国内外申请人正在加大对醋酸设备和成套装置的关注。

2.2.3.2　制备技术分析

从检索到的中国专利申请信息来看，醋酸的制备方法目前包括化学合成法和生物发酵法，工业上应用的主要为化学合成法，化学合成法包括甲醇羰基化法、合成气法、甲烷法、一氧化碳加氢法、甲烷二氧化碳法和二氧化碳水热法。297 项涉及醋酸的中国专利申请中，各种方法在中国专利申请中所占的比重如图 2-48 所示。

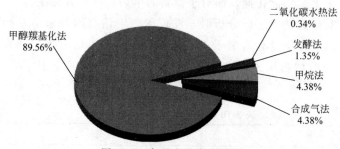

图 2-48　各种方法专利份额

涉及甲醇羰基化法的专利申请比例最大，所占份额高达 89.56％；合成气法和甲烷法并列第二，所占份额均为 4.38％；发酵法和二氧化碳水热法所占份额较小。

在醋酸的各种合成方法中，甲醇羰基化是工业上应用最为广泛的制备方法，甲醇羰基化法专利申请量同样也占据了非常大的份额。合成气法在工业上实现工业化的案例比较少，甲烷法制备醋酸的实施受到《天然气利用政策》的限制，发酵法目前在工业上很难实现，而二氧化碳水热法属于刚刚出现的技术，所以这几种方法的申请量相对较少。

课题组针对各种合成方法，统计了各种合成方法在我国申请专利的总量（申请量）、完成实质审查的专利申请总量（审查量）、获得授权的专利申请的总量（授权量）、当前仍然维持专利权有效的专利申请的总量（存活量），并且相应地计算出各种合成方法的授权率和存活率，所得结果如表 2-11 所示。

表 2-11　各种方法的审查数据

方法	申请量/项	完成审查量/项	授权量/项	授权率/％	存活量/项	存活率/％
甲醇羰基化法	266	215	183	85	151	83
甲烷法	13	8	6	75	3	50
合成气法	13	12	9	75	6	67
发酵法	4	3	3	100	3	100
二氧化碳水热法	1	0	0	—	—	—

为了分析各种醋酸制备方法的专利申请发展情况，课题组统计了各种制备方法历年的专利申请量，醋酸各种制备方法的历年申请量如图 2-49 所示。

甲醇羰基化法专利申请起步最早，并且专利申请量呈逐年上升趋势，其他方法专利申请起步较晚，并且申请量增长缓慢。合成气法主要集中于 1996～2006 年，近年来没有合成气法的专利申请。1999 年出现了甲烷法中国第 1 项专利申请，2004 年甲烷法专利申请较多，其余年份申请量均很少。发酵法仅仅在 1996 年、1999 年和 2010 年出现三次申请。二氧化碳水热法由吉林大学提出，2010 年申请了中国专利，当前通过二氧化碳水热法制备醋酸的专利申请仅有 1 项。

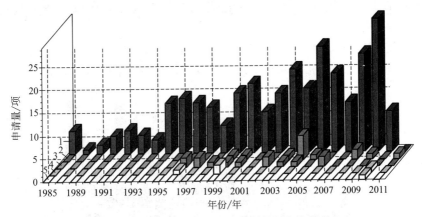

图 2-49　醋酸各种制备方法专利的历年申请量

1—甲醇羰基化法；2—甲烷法；3—合成气法；4—发酵法；5—二氧化碳水热法

由于甲醇羰基化法是最重要的醋酸工业化路线，以下着重分析有关甲醇羰基化法的专利申请。甲醇羰基化法总共 266 项专利申请，其中 184 项专利申请涉及甲醇羰基化工艺，60 项专利申请涉及甲醇羰基化催化剂，7 项专利申请同时涉及甲醇羰基化工艺和甲醇羰基化催化剂，15 项专利申请涉及设备。

甲醇羰基化分为液相羰基化和汽相羰基化。相应地，包括甲醇液相羰基化工艺、甲醇汽相羰基化工艺、甲醇液相羰基化催化剂和甲醇汽相羰基化催化剂。

2.2.3.3　甲醇羰基化工艺

甲醇羰基化工艺分为液相羰基化工艺和汽相羰基化工艺，为了研究液相羰基化工艺和汽相羰基化工艺的申请在醋酸领域中所处的地位，课题组分析了涉及液相羰基化工艺和汽相羰基化工艺的专利申请的份额。

甲醇羰基化工艺制备醋酸的专利总计 191 项（其中包括仅仅涉及甲醇羰基化工艺 184 项专利申请和同时涉及甲醇羰基化工艺和甲醇羰基化催化剂的 7 项专利申请），甲醇羰基化工艺分为液相羰基化工艺和汽相羰基化工艺，两种路线的份额如图 2-50 所示。

图 2-50　甲醇羰基化工艺专利汽/液相羰基化份额分析

从甲醇羰基化工艺专利申请的总量来看，液相羰基化工艺为主要的羰基化工艺，液相羰基化工艺共有 163 项中国申请，所占比例高达 85.34%；汽相羰基化工艺共有 28 项申请，所占比例为 14.66%。甲醇液相羰基化为已经实现工业化的工艺路线，而汽相羰基化尚未实现工业化，所以液相羰基化工艺申请量较多。

为了分析液相羰基化和汽相羰基化的发展情况，课题组分别统计了各个年份的液相羰基化工艺和汽相羰基化工艺专利申请，所得结果如图 2-51 所示。

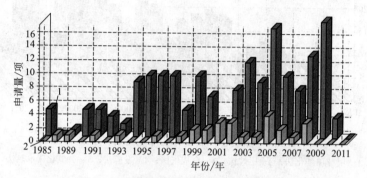

图 2-51　甲醇羰基化工艺专利历年申请量
1—液相羰基化；2—汽相羰基化

甲醇羰基化工艺历年申请量分布进一步印证了甲醇羰基化工艺专利申请以液相羰基化为主。

由于目前的甲醇羰基化工业生产实践中以液相羰基化法为主，汽相羰基化工业化装置和总产能都比较少，汽相羰基化专利申请量并不稳定，在某些年份并没有甲醇汽相羰基化工艺的专利申请。

课题组将检索得到的全部 163 项有关液相羰基化的专利按照处理中、视撤、驳回、授权、届满、终止和放弃进行分类，所得结果如图 2-52 所示。

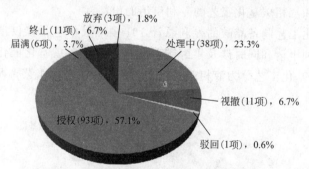

图 2-52　液相羰基化工艺专利审批历史

甲醇液相羰基化工艺专利申请总计 163 项，其中获得授予专利权并且保持有效的申请总计 93 项（57.1%），视撤的申请总计 11 项（6.7%），驳回的专利申请总计 1 项（0.6%），正在处理中的专利总计 38 项（23.3%），获得授予专利权保护期届满的申请 6 项（3.7%），专利权因费终止的共有 11 项（6.7%），放弃的共有 3 项（1.8%）。

课题组将检索得到的全部 28 项有关汽相羰基化的专利按照授权、处理中、视撤、终止和放弃进行分类，所得结果如图 2-53 所示。

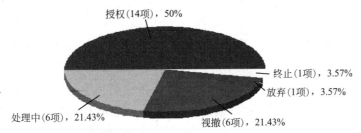

图 2-53　汽相羰基化工艺专利审批历史

甲醇汽相羰基化工艺专利申请总计 28 项，其中获得授予专利权并且保持有效的申请总计 14 项（50%），视撤的申请总计 6 项（21.43%），正在处理中的专利总计 6 项（21.43%），专利权因费终止的共有 1 项（3.57%），放弃的共有 1 项（3.57%）。

课题组针对甲醇液/汽相羰基化工艺，统计了液/汽相羰基化工艺的专利总量（申请量）、完成实质审查的专利申请总量（审查量）、获得授权的专利申请的总量（授权量）、当前仍然维持专利权有效的专利申请的总量（存活量），并且相应地计算出液/汽相羰基化工艺的授权率和存活率，所得结果如表 2-12 所示。

表 2-12　甲醇羰基化工艺授权率存活率

方法类型	申请量/项	完成审查量/项	授权量/项	授权率/%	存活量/项	存活率/%
液相羰基化工艺	163	125	111	89	93	84
汽相羰基化工艺	28	22	16	73	14	88

2.2.3.4　甲醇羰基化催化剂

相应地，甲醇羰基化催化剂分为液相羰基化催化剂和汽相羰基化催化剂，为了研究液相羰基化催化剂和汽相羰基化催化剂的申请在醋酸领域中所处的地位，课题组分析了涉及液相羰基化催化剂和汽相羰基化催化剂的专利申请的份额。

甲醇羰基化催化剂的专利总计 67 项（其中包括仅仅涉及甲醇羰基化催化剂的 60 项专利申请和同时涉及甲醇羰基化工艺和甲醇羰基化催化剂的 7 项专利申请），甲醇羰基化催化剂分为液相羰基化催化剂和汽相羰基化催化剂，两种催化剂的份额如图 2-54 所示。

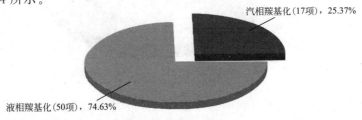

图 2-54　甲醇汽相/液相羰基化催化剂专利份额分析

从甲醇羰基化催化剂专利申请的数量来看，从液相羰基化催化剂为主，汽相羰基化催化剂数量较少。液相羰基化催化剂共有 50 项中国申请，所占比例高达 74.63%；汽相羰基化催化剂共有 17 项申请，所占比例为 25.37%。这与当前仅仅液相羰基化实现工业化的实际情况相符。

甲醇羰基化催化剂历年申请量分布进一步印证了甲醇羰基化催化剂专利申请以液相羰基化为主。由于目前的甲醇羰基化工业生产实践中以液相羰基化法为主，汽相羰基化工业化装置和总产能都比较少，汽相羰基化专利申请量并不稳定，在某些年份并没有甲醇汽相羰基化催化剂的专利申请，并且汽相羰基化催化剂主要集中于 1989~1993 年和 1999~2004 年两个时间段，如图 2-55 所示。

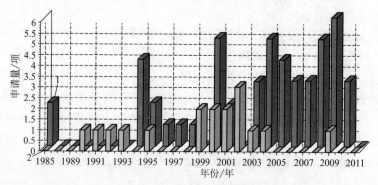

图 2-55　甲醇羰基化催化剂专利历年申请量

1—液相羰基化；2—汽相羰基化

甲醇液相羰基化催化剂专利申请总计 50 项，其中获得授予专利权并且保持有效的申请总计 26 项（52.0%），视撤的申请总计 5 项（10.0%），正在处理中的专利总计 10 项（20.0%），专利权因费终止的共有 8 项（16.0%），保护期届满的共有 1 项（2.0%），如图 2-56 所示。

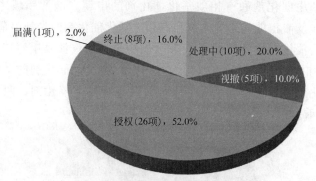

图 2-56　液相羰基化催化剂专利审批历史

甲醇汽相羰基化催化剂专利申请总计 17 项，其中获得授予专利权并且保持有效的申请总计 8 项（47.06%），视撤的申请总计 3 项（17.65%），正在处理中的专利总计 1 项（5.88%），专利权因费终止的共有 4 项（23.53%），驳回的共有 1 项（5.88%），如图 2-57 所示。

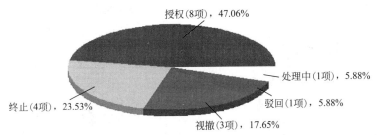

图 2-57　汽相羰基化催化剂专利审批历史

课题组针对甲醇液/汽相羰基化催化剂，统计了液/汽相羰基化催化剂的专利总量（申请量）、完成实质审查的专利申请总量（审查量）、获得授权的专利申请的总量（授权量）、当前仍然维持专利权有效的专利申请的总量（存活量），并且相应地计算出液/汽相羰基化催化剂的授权率和存活率，所得结果如表 2-13 所示。

表 2-13　甲醇羰基化催化剂授权率存活率

催化剂类型	申请量/项	完成审查量/项	授权量/项	授权率/%	存活量/项	存活率/%
液相羰基化催化剂	50	40	35	88	26	74
汽相羰基化催化剂	17	16	12	75	8	67

为了分析甲醇羰基化中使用哪些催化剂，课题组对涉及甲醇羰基化工艺和甲醇羰基化催化剂的 251 项专利中涉及的催化剂的活性组分进行分析，所得结果如图 2-58 所示。

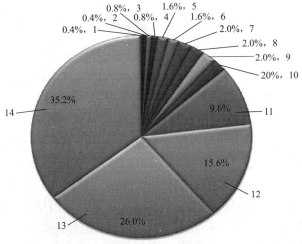

图 2-58　甲醇液相羰基工艺专利权利要求中涉及的催化剂分布

1—钌基催化剂；2—离子液体；3—银基催化剂；4—金基催化剂；5—沸石催化剂；6—钯基催化剂；7—铂基催化剂；8—铜基催化剂；9—镍基催化剂；10—钴基催化剂；11—未限定催化剂；12—Ⅷ族金属；13—铱基催化剂；14—铑基催化剂

191项甲醇羰基化工艺专利申请中（其中包括仅仅涉及甲醇羰基化工艺184项专利申请和同时涉及甲醇羰基化工艺和甲醇羰基化催化剂的7项专利申请），使用的催化剂主要涉及铑基催化剂（35.2%）和铱基催化剂（26.0%），提及Ⅷ族金属的所占比例为15.6%，没有提及使用何种催化剂的比例为9.6%。

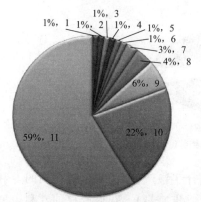

图 2-59　甲醇汽相羰基化催化剂专利权利要求中涉及的催化剂分布

1—铂基催化剂；2—铜基催化剂；3—金基催化剂；4—钌基催化剂；5—铂锡基催化剂；6—钼基催化剂；7—钯基催化剂；8—钴基催化剂；9—镍基催化剂；10—铱基催化剂；11—铑基催化剂

67项甲醇羰基化催化剂专利申请中（其中包括仅仅涉及甲醇羰基化催化剂的60项专利申请和同时涉及甲醇羰基化工艺和甲醇羰基化催化剂的7项专利申请），要求保护的催化剂主要涉及铑基催化剂（59%）和铱基催化剂（22%），镍基催化剂、钴基催化剂和钯基催化剂所占比例分别为6%、4%和3%。甲基羰基化催化剂专利申请集中于铑基催化剂和铱基催化剂，如图2-59所示。

从醋酸专利技术分析可以看出，醋酸领域的研究热点在于工艺和催化剂；国内申请主要关注于催化剂的研究，对醋酸工艺的关注度较低。国外来华申请人更加注重在醋酸工艺领域的布局；甲醇羰基化是工业上应用最为广泛的制备方法；甲醇羰基化工艺专利申请以液相羰基化为主；催化剂主要是铑基催化剂和铱基催化剂。

2.2.4　醋酸中国专利申请人分析

以检索到的中国专利数据为基础，从总体和各技术主题等多个方面对中国专利的申请人进行了分析，并且分析了申请人的类型和重点申请人的申请、授权和有效专利情况。

2.2.4.1　申请人总体分析

为了研究醋酸领域的申请人状况，课题组统计了各个申请人的申请量，醋酸领域专利申请量排名前十的申请人以及其申请量如图2-60所示。

从醋酸领域的申请人排名中可以看出，申请量排名前五的申请人有四个是外国申请人，只有中国科学院化学研究所排在第三位。外国申请人的申请量远远高于中国申请人的申请量，外国申请人的申请量占据绝对优势。

由于外国申请人对中国醋酸的关注程度较高，国际知名的醋酸制造企业均在华进行了专利布局。

2.2.4.2　申请人类型分析

课题组在申请人分析中发现，我国申请人在醋酸领域的申请人结构与国外来

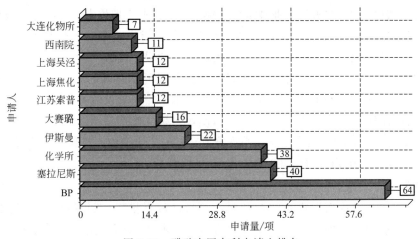

图 2-60　醋酸中国专利申请人排名

华专利申请人的结构存在较大区别，我国在醋酸领域的申请人仍然是以科研院所为主，以公司为辅；而国外来华专利主要是公司申请人。课题组将检索得到的专利申请，按照申请人为科研院所、公司、公司与科研院所、个人、公司与个人进行分类，所得数据如表 2-14 所示。

表 2-14　醋酸领域专利申请申请人类型　　　　　　　　　　单位：%

申请人类型	科研院所	公司	公司与科研院所	公司与个人	个人
国内申请	45.4	39.5	12.6	0	2.5
国外来华	1.7	96	1.7	0.6	0

国内申请科研院所（包括研究院所、改制科研院所和高校）申请人申请量最多，比例高达 45.4%；其次是公司占 39.5%，公司和科研院所联合申请较少占 12.6%，而个人申请占 2.5%。国外来华申请以公司申请为主体，公司为绝对的申请主体，而科研院所和个人的申请所占份额很少。这与国内申请形成了鲜明的对比。

我国国内申请人以科研院所为主体是由我国的国情所决定的。新中国成立之初，我国的经济和科技基础十分薄弱，由国家出面组织整个国民经济的运行，整个国民经济相当于一个巨型的企业，集中于各级政府机关的科研院所相当于这个巨型企业的研发或技术部门。各级科研院所集中了我国各学科的优秀科研人员，在各个领域进行研究，企业逐渐成为技术的使用者，科研院所和企业的功能划分比较明晰。虽然我国改革开放以来已经陆续对上万家科研院所进行了改制，企业也逐渐参与到技术研发，然而由于企业对于技术的依赖性和缺乏自主创新观念等因素的共同影响，造成了国内科研院所申请人比例相对较高的局面。

而醋酸领域的国外大型公司非常注重技术创新和自主知识产权，积累了大量的研究人员，已经形成了自主开发能力，非常注重企业的专利保护，从而国外来华专利申请以公司申请人为主。

应当按照《"十二五"产业技术创新规划》的要求，把技术创新作为走新型工业化道路的重要支撑，坚持"企业主体、政策引导、重点突破、总体提升"的原则，推进以企业为主体、产业研结合的技术创新体系建设，增强产业核心竞争力，提升产业整体技术水平，实现工业发展方式转变。发挥企业创新主体作用。鼓励企业加大创新投入，加强产学研结合，提升企业技术水平，充分发挥行业龙头企业的主导作用和科研院所的支撑作用，创新研究机制，组织实施产业重大技术开发，解决工业发展中的技术瓶颈，提升企业核心竞争力，促进产业结构调整和优化升级。

2.2.4.3 重点申请人的授权量和授权率情况

课题组针对醋酸领域的重点申请人，统计了各个申请人在我国申请专利的总量（申请量）、完成实质审查的专利申请总量（审查量）、获得授权的专利申请的总量（授权量）、当前仍然维持专利权有效的专利申请的总量（存活量），并且相应地计算出各个重点申请人的授权率和存活率，所得结果如表 2-15 所示。

表 2-15 重点申请人的授权量和存活量情况

申请人	申请量/项	审查量/项	授权量/项	授权率/%	存活量/项	存活率/%
英国石油化学品有限公司	64	52	42	81	33	79
塞拉尼斯国际公司	40	29	27	93	18	67
中国科学院化学研究所	38(7)	35(6)	31(4)	89	19(4)	61
伊斯曼化学公司	22	21	17	81	16	94
大赛璐化学工业株式会社	16	15	13	87	13	100
西南化工研究设计院	11	11	10	91	10	100
江苏索普(集团)有限公司	12(4)	10(3)	7(3)	70	7(3)	100
上海焦化有限公司	12(3)	6(3)	5(3)	83	4(2)	80
上海吴泾化工有限公司	12	9	8	89	8	100
中国科学院大连化学物理研究所	7	7	5	71	2	40
派蒂斯艾西提克公司	6	6	6	100	6	100
中国石油化学工业开发股份有限公司	4	4	4	100	4	100

注：1. 括号中的数据包含在前面的数值之内，例如，38(7) 表示中国科学院化学研究所总共 38 项申请，其中 7 项与其他申请人共同申请。

2. 38(7)：包括第一申请人为江苏索普（集团）有限公司的 6 项申请和第一申请人为上海焦化有限公司的 1 项申请。35(6)：包括第一申请人为江苏索普（集团）有限公司的 5 项申请和第一申请人为上海焦化有限公司的 1 项申请。31(4)：包括第一申请人为江苏索普（集团）有限公司的 3 项申请和第一申请人为上海焦化有限公司的 1 项申请。19(4)：包括第一申请人为江苏索普（集团）有限公司的 3 项专利和第一申请人为上海焦化有限公司的 1 项专利。12(4)：包括第一申请人为中国科学院化学研究所的 4 项专利。10(3)：包括第一申请人为中国科学院化学研究所的 3 项专利。7(3)：包括第一申请人为中国科学院化学研究所共同申请的 3 项专利。7(3)：包括第一申请人为中国科学院化学研究所共同申请的 3 项专利。12(3) 包括第一申请人为中国科学院化学研究所的 2 项专利和第一申请人为上海华谊（集团）公司的 1 项专利。6(3) 包括第一申请人为中国科学院化学研究所的 2 项专利和第一申请人为上海华谊（集团）公司的 1 项专利。5(3) 包括第一申请人为中国科学院化学研究所的 2 项专利和第一申请人为上海华谊（集团）公司的 1 项专利。4(2) 包括第一申请人为中国科学院化学研究所的 2 项专利。

　　醋酸制备领域的申请一般请求保护三种类型的主题：工艺、催化剂和设备（含装置），以下分别对三种不同的主题进行申请人分析。

2.2.4.4　工艺主题申请人分析

　　为了研究醋酸领域工艺主题专利的申请人状况，课题组统计了工艺主题专利各个申请人的申请量，工艺主题专利申请量排名前十的申请人以及其申请量如图 2-61 所示。

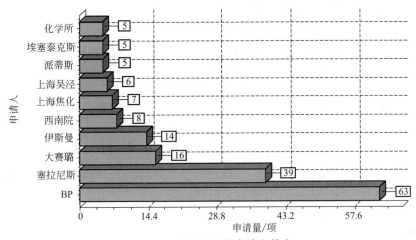

图 2-61　醋酸工艺的申请人排名

　　在醋酸工艺方面，外国申请人申请量占主导地位。排名前四的申请人都是国外公司，分别为英国石油化学品有限公司、塞拉尼斯国际公司、大赛璐化学工业株式会社和伊斯曼化学公司，中国专利申请人仅有西南化工研究设计院、上海焦化有限公司和上海吴泾化工有限公司，分别名列第五～七位。排名第八～九位的公司仍然为外国公司，分别为派蒂斯艾西提克公司和埃塞泰克斯（塞浦路斯）有限公司。申请人总体排名第三的中国科学院化学研究所在工艺领域仅仅排名第十。申请人总体排名第九的西南化工研究设计院在工艺领域排名第五，申请人总体排名第六的江苏索普（集团）有限公司在工艺领域没有上榜。

2.2.4.5　催化剂主题申请人分析

　　为了研究醋酸领域催化剂主题专利的申请人状况，课题组统计了催化剂主题专利各个申请人的申请量，催化剂主题专利申请量排名前十的申请人以及其申请量如图 2-62 所示。

　　在醋酸催化剂方面，我国申请人占主导地位。排名前两位的申请人都是中国公司，分别为中国科学院化学研究所和江苏索普（集团）有限公司，在排名前十的申请人中，中国申请人占了六成。而申请人总体排名第一的英国石油化学品有限公司在催化剂领域排名仅仅第五，伊斯曼化学公司、联合碳化公司和派蒂斯艾西提克公司仅仅分别名列第三、九和十位，申请量相对较少，申请人总体排名第

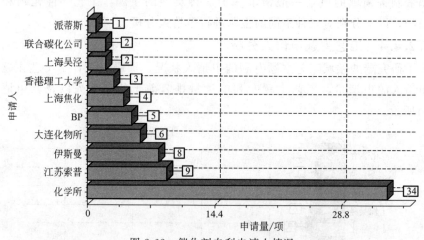

图 2-62 催化剂专利申请人情况

二的塞拉尼斯国际公司和申请人总体排名第五的大赛璐化学工业株式会社没有上榜。申请人总体排名第三的中国科学院化学研究所在催化剂领域名列第一，并且其申请量远远高于其他申请人，表明中国科学院化学研究所的研究重点在于醋酸催化剂领域。此外，申请人总体排名第六的江苏索普（集团）有限公司在催化剂领域名列第二。

2.2.4.6 设备主题申请人分析

为了研究醋酸领域设备主题专利的申请人状况，课题组统计了设备主题专利各个申请人的申请量，设备主题专利申请量排名前十的申请人以及其申请量如图 2-63所示。

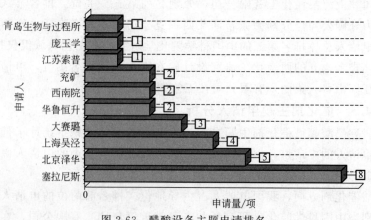

图 2-63 醋酸设备主题申请排名

在醋酸设备和装置领域，排名第一的申请人是塞拉尼斯国际公司，大赛璐化学工业株式会社位列第四，其余均为中国申请人。

在醋酸设备和装置方面，我国申请人占主导地位。然而我国设备申请多为实用新型，发明专利比例不大。兖矿国泰化工有限公司的 2 项申请、华鲁恒升有限公司的 2 项申请、西南化工研究设计院的 2 项申请、北京泽华公司的 2 项申请和上海吴泾的 1 项申请均为实用新型，并且很少涉及集成化装置，也没有涉及关键反应器的材料和制造技术等关键技术。

从醋酸中国专利申请人分析可以看出，外国申请人对中国醋酸的关注程度较高；我国国内申请人以科研院所为主体；在醋酸工艺方面，外国申请人申请量占主导地位；在醋酸催化剂方面，我国申请人占主导地位；在醋酸设备和装置方面，我国申请人占主导地位，不过很少涉及集成化装置，也没有涉及关键反应器的材料和制造技术等关键技术。

2.3　乙二醇中国专利分析

截至 2011 年 9 月 29 日，通过中国专利检索系统（CPRS）进行检索，进行手工去噪后，筛选出 113 项涉及乙二醇的中国专利申请。乙二醇中国专利的分析结果如下。

2.3.1　乙二醇中国专利发展趋势分析

以检索到的中国数据为基础，从总体发展趋势、专利申请类型和审批历史三方面对煤制乙二醇领域中国专利申请的发展趋势进行分析。

2.3.1.1　总体发展趋势分析

为了研究煤制乙二醇技术的发展情况，对采集到的 113 项中国专利申请数据按年代进行统计。图 2-64 显示了该领域中国专利申请量随年份的变化情况。

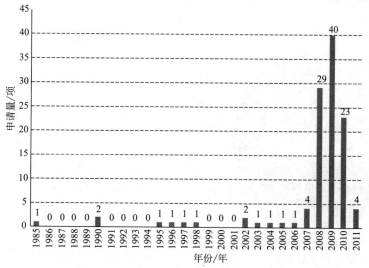

图 2-64　乙二醇中国历年申请量

由图 2-64 可见，煤制乙二醇技术在中国的专利申请始于 1985 年，其伴随中国专利制度的建立而出现。在之后的二十年间，中国在该领域的专利申请态势与全球专利申请数据相似，处于长期的低迷状态，这期间，近一半的年份出现零申请现象，其他年份中即使有少量申请出现，但也都仅是在三件以下徘徊。2006 年以后，该领域中国专利申请量迅猛上扬；2008 年较 2007 年申请量翻了三番；2009 年该领域的专利申请量较 2008 年又增加了 37.9%。

分析认为，2006 年，中国的经济发展进入"十一五"时期，在此期间，国务院、国家发改委相继出台了多项煤化工相关政策，如 2006 年 7 月出台的《关于加强煤化工项目建设管理促进产业健康发展的通知》、2009 年 5 月出台的《石化产业调整和振兴规划细则》。在这些国家政策的引导下，国内乙二醇领域技术迅速发展，致使 2006 年以后该领域中国专利申请量大幅上升。与化工行业 2008 年总体专利申请增长率 24.0% 和 2009 年总体专利申请增长率 10.9% 相比较可以看出，我国煤制乙二醇技术在"十一五"期间，尤其是"十一五"的中后期发展迅猛。

2011 年 3 月，国务院出台《中华人民共和国国民经济和社会发展第十二个五年规划纲要》，指出要有序开展煤制天然气、煤制液体燃料和煤基多联产研发示范，稳步推进产业化发展；2011 年 11 月，工信部发布《"十二五"产业技术创新规划》，指出"十二五"及更长一段时间我国工业和信息化领域产业技术创新的主要任务是围绕原材料、装备、消费品、信息产业等重点领域，突破技术瓶颈制约，开发并掌握一批关键技术，提高产业的核心竞争力和持续发展能力，在化工工业方面要重点发展乙二醇技术。同时，近年价格数据表明，国内乙二醇价格与原油价格保持同向变化且一致性较高，随着石油资源的日益减少，全球石油价格日益上涨，煤制乙二醇技术的成本优势正逐步显现。在这样的时代背景下，国内对于煤制乙二醇技术的研发和投资热情势必将持续下去，预计煤制乙二醇领域中国专利申请量在未来若干年内仍将持续走高。

2.3.1.2 专利申请类型分析

为了研究煤制乙二醇领域中国专利申请的类型分布，对采集到的 113 项中国专利申请数据按申请类型进行统计。图 2-65 显示了该领域中国专利申请的类型分布情况。

由图 2-65 可见，煤制乙二醇领域的 113 项中国专利申请以发明专利为主，实用新型和 PCT 申请比例较低。其中，发明专利申请（包括 6 项 PCT 申请）达 105 项，占九成以上份额；而实用新型专利申请仅占 7.1%。究其原因，一方面，实用新型是对产品的形状、构造或者其结合所提出的适用于实用的新的技术方

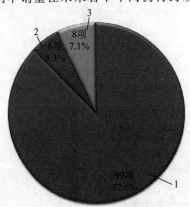

图 2-65　乙二醇中国专利
申请类型分布统计

1—发明；2—发明（PCT）；3—实用新型

案，而煤制乙二醇领域的科技创新主要集中在制备方法、工艺流程、催化剂选用及制备等方面，其并不是简单的产品宏观形状或结构上的改变所能够表达出来的，所以该领域发明专利申请量相对较大，实用新型专利申请量较少。

2.3.1.3　审批历史分析

对采集到的113项中国专利申请数据按法律状态进行统计，共涉及授权、视撤和处理中三种状态，其中，授权细分为有效授权（即已取得中国专利授权并处于专利权维持状态）、授权终止（即已取得中国专利授权，但因未缴纳专利维持年费而被终止）和授权届满（即已取得中国专利授权，但因保护期限届满而失效）。图2-66显示了煤制乙二醇领域中国专利申请的审批历史情况。

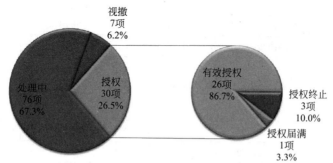

图2-66　乙二醇中国专利申请审批历史统计

由于该领域中国专利申请量的大量增加出现在2008年以后，而中国专利申请的平均审查周期为26个月，所以，在全部的113项专利申请中，仍有76项处于在审状态，所占比例达67.3%。在37项已结案件中，无驳回案件产生，除7项申请被视为撤回外，其余30项全部顺利通过专利审查，被授予中国专利权，占全部已结案件的81.1%。在30项授权专利中，除1项1990年提交申请的授权专利因保护期限届满而失效、3项授权专利因未缴纳专利维持年费而被终止以外，其余26项授权专利仍然处于法律的有效保护期内（包括1项PCT申请），授权专利的存活率达86.7%，说明该领域专利的技术含量较高，能够带给专利权人一定程度的收益回报，使得专利权人愿意维持其较长期的有效状态。表2-16显示了30件授权专利的存活时间明细。

表2-16　乙二醇中国授权专利现状列表

现状	申请号	申请日	国家或地区	存活时间/年
有效授权	95116136	1995-10-20	中国	6
	96109811	1996-9-18	中国	5
	98108604	1998-5-6	中国	3
	02111624	2002-5-9	中国	9
	200480037694	2004-12-15	荷兰[PCT]	7

现状	申请号	申请日	国家或地区	存活时间/年
有效授权	200510107783	2005-9-30	中国	6
	200610118543	2006-11-21	中国	5
	200710060003	2007-10-23	中国	4
	200710061390	2007-10-10	中国	4
	200810043079	2008-1-28	中国	3
	200810044136	2008-12-18	中国	3
	200810044137	2008-12-18	中国	3
	200810109834	2008-5-29	中国	3
	200810114383	2008-6-4	中国	3
	200910061854	2009-4-28	中国	2
	200910063310	2009-7-24	中国	2
	200910304288	2009-7-13	中国	2
	200920210195	2009-9-25	中国	2
	200920213966	2009-11-20	中国	2
	201010128732	2010-3-19	中国	1
	201020160368	2010-4-15	中国	1
	201020160387	2010-4-15	中国	1
	201020160391	2010-4-15	中国	1
	201020526327	2010-9-13	中国	1
	201020533930	2010-9-14	中国	1
	201020533943	2010-9-14	中国	1
授权终止	85101616	1985-4-1	中国	11
	02146105	2002-10-31	中国	3
	03114989	2003-1-20	中国	5
授权届满	90101447	1990-3-14	中国	10

2.3.2 乙二醇中国专利区域分析

以检索到的中国数据为基础，从按国籍划分的中国专利申请区域分布和变化趋势、按省份划分的国内专利申请区域分布情况两方面对乙二醇领域中国专利申请的区域分布情况进行分析。

2.3.2.1 国外来华专利申请区域分析

为了研究各国家或地区在我国煤制乙二醇领域的专利申请情况，对采集到的113项中国专利申请数据按所属国家或地区进行统计。图 2-67 显示了该领域中国专利申请的国内外专利申请份额分布；图 2-68 显示了该领域中国专利申请的国内外专利申请量随年份的变化情况；表 2-17 显示了该领域中国专利申请的国内外专利申请审批情况。

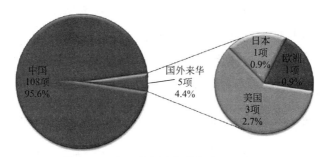

图 2-67 乙二醇中国专利申请区域分布

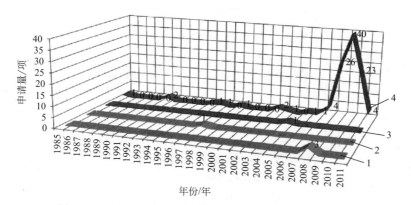

图 2-68 乙二醇中国专利申请国内和国外来华历年申请量

1—美国；2—日本；3—欧洲；4—中国

结合图 2-67 和图 2-68 可见，在该领域的中国专利申请中，国外来华申请无论在时间上还是在数量上都不占优势。从专利申请的时间角度讲，该领域的第一件中国专利申请来自国内申请人；从专利申请的数量角度讲，在该领域全部 113 项中国专利申请中，只有 5 项国外来华专利申请，所占比例仅为 4.4%，带动该领域专利申请量急速上升的也是国内申请人。

表 2-17 乙二醇中国专利申请国内和国外来华申请审批历史对比①

区域	申请量/项	完成审查量/项	视撤/项	授权量/项	授权率/%	存活量/项	存活率/%
国内	108	33	4	29	87.9	25	86.2
国外	5	4	3	1	25.0	1	100.0

① 授权率=授权量/完成审查量；存活率=存活量/授权量。

由表 2-17 可见，上述 5 项国外来华专利申请中只有 1 项已经取得中国专利授权且仍然处于专利保护的有效期限内，3 项已经被视为撤回，说明在该领域中，国外来华专利申请在质量上同样不占优势。并且，由之后的"专利侵权风险"部分可见，上述仅有的 1 项国外来华有效授权并未涉及国内工业化放大的技术路线，因而对我国在该领域的技术发展和专利布局基本不构成威胁。

综上所述，就煤制乙二醇领域中国市场而言，技术和专利布局的主动权主要掌控在国内申请人手中。

2.3.2.2 国内专利申请区域分析

为了研究国内各省在煤制乙二醇领域的专利申请情况，对采集到的中国专利申请中 108 项国内申请按申请人所属省市进行统计。图 2-69 显示了该领域中国专利申请的国内申请人的省市分布情况。

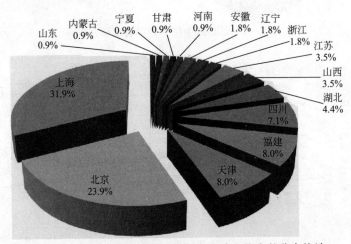

图 2-69 乙二醇中国专利申请国内申请人按省份分布统计

由图 2-69 可见，煤制乙二醇领域的国内专利申请主要来自经济发展程度相对较高的地区，如上海、北京、天津、福建等地。

究其原因，一方面，上述地区云集一大批国内知名理工类高校和中科院下属科研院所，如天津大学、复旦大学、华东理工大学、浙江大学、中科院福建物质结构研究所、中科院山西煤炭化学研究所等，这些单位科研实力雄厚、人才密集度高，为相应的地区贡献较大的专利申请量；另一方面，相较我国中西部而言，上述地区经济相对发达、人才相对聚集、资金相对雄厚，这里汇集众多大型国企和实业型化工企业，如中石化、上海焦化等，从而也使得相应地区的申请量较大。而我国中西部地区虽然煤炭储量十分丰富，但其他自然资源如水资源贫乏、人才和资金短缺，从而导致这些地区在该领域的研发实力相对较弱，在该领域专利申请量不高。

2.3.3 乙二醇中国专利技术分析

以检索到的中国数据为基础，从技术主题、合成气氧化偶联法技术和其他合成路线技术三方面对煤制乙二醇领域中国专利申请的技术状况进行分析。

2.3.3.1 技术主题总体分析

如前述图 1-24 所示，煤制乙二醇领域共包括 9 种合成路线，但这 9 种合成路线并未被全部囊括于该领域的中国专利申请中。图 2-70 显示了该领域中国专利申请所涉及的合成路线的专利申请量分布情况。

由图 2-70 可见，该领域的中国专利申请共涉及四种合成路线，按申请量排序依次是合成气氧化偶联法、甲醛羰基化法、甲醛氢甲酰化法和甲醇脱氢二聚法。其中，合成气氧化偶联法申请量高达 104 项，占该领域中国专利申请总量的 92.0%，处于主导地位。

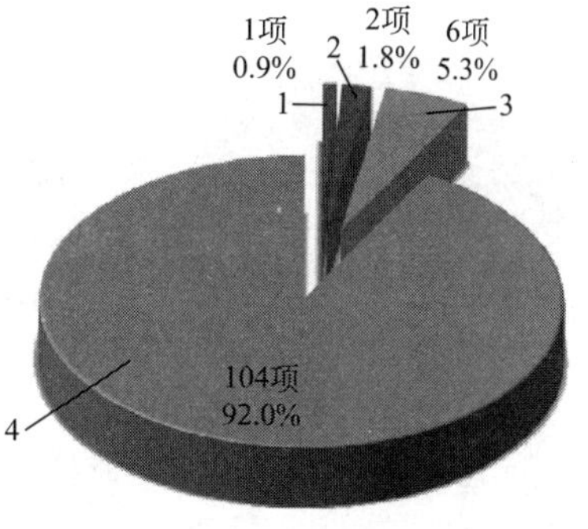

由于合成气氧化偶联法所涉及的申请量占该领域中国专利申请总量的九成以上，以下将着重展开分析该合成路线，然后再对其他三种合成路线进行分析。

图 2-70 乙二醇中国专利申请技术主题分布统计

1—甲醇脱氢二聚法；2—甲醛氢甲酰化法；3—甲醛羰基化法；4—合成气氧化偶联法

2.3.3.2 合成气氧化偶联法技术分析

以 104 件涉及合成气氧化偶联法的中国专利申请数据为基础，从权利要求所要求保护的主题、具体技术等角度对该方法的中国专利申请现状进行分析。

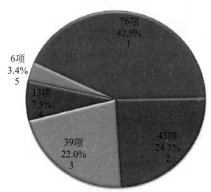

图 2-71 合成气氧化偶联法权利要求保护主题分布统计

1—工艺；2—催化剂；3—催化剂的制备；4—设备；5—分离

（1）权利要求保护主题分析 合成气氧化偶联法相关的 104 项中国专利申请权利要求主题涉及工艺、催化剂及其制备、设备、分离四方面。图 2-71 显示了这 104 项专利申请权利要求的主题分布情况，其中，由于同一专利申请可能涉及多个不同的保护主题，所以图 2-71 中专利申请总量大于合成气氧化偶联法中国专利申请总量 104 项。

由图 2-71 可见，该领域的中国专利申请主要涉及工艺、催化剂及其制备三大部分，所占比例达 89.2%，其中工艺和催化剂所占的比例相当，说明对工艺和催化剂的改进是合成气氧化偶联法的两个研究重点。

同时，13 项申请涉及生产设备，其中包括前述的全部 8 项实用新型专利申请；另外，6 项专利申请涉及分离技术，其中 1 项涉及原料的纯化（申请号为 200810109834）、2 项涉及产物的纯化（申请号分别为 200910053962 和 201110029293）、3 项涉及反应物料的回收再利用（申请号分别为 98108604、

200910057849 和 201010285375)。

（2）技术分析　以 104 项涉及合成气氧化偶联法的中国专利申请数据为基础，从原料来源、工艺路线和催化剂三个方面对该方法相关专利申请的技术现状进行分析。

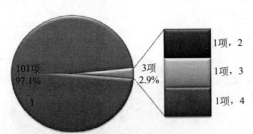

图 2-72　合成气氧化偶联法原料来源分布统计
1—合成气；2—煤；3—电石炉尾气；4—工业气体

① 原料来源　图 2-72 显示了合成气氧化偶联法的原料来源情况。由图 2-72 可见，除 3 项专利申请在其申请文件中明确强调原料的特殊来源之外，其余 101 项专利申请并未要求原料的来源。这 3 项特别强调原料来源的专利申请分别为 85101616、90101447 和 200810109834。

② 工艺路线　合成气氧化偶联法制乙二醇包括一氧化碳氧化偶联制草酸酯、草酸酯催化加氢制乙二醇两个分反应步骤。表 2-18 显示了这两个步骤相应申请量的对比和它们随年份的变化情况。

表 2-18　合成气氧化偶联法分步骤年申请量明细

申请年份	草酸酯的合成/项	草酸酯的氢化/项
1985	1	0
1986	0	0
1987	0	0
1988	0	0
1989	0	0
1990	2	0
1991	0	0
1992	0	0
1993	0	0
1994	0	0
1995	1	0
1996	1	0
1997	1	0
1998	1	0
1999	0	0
2000	0	0
2001	0	0

申请年份	草酸酯的合成/项	草酸酯的氢化/项
2002	2	0
2003	1	0
2004	0	0
2005	1	0
2006	1	0
2007	2	2
2008	11	16
2009	18	25
2010	12	9
2011	1	3
合计	56	55

　　由表 2-18 可见，在全部 104 项涉及合成气氧化偶联法的中国专利申请中，56 项涉及草酸酯的合成，55 项涉及草酸酯的氢化，即涉及这两个步骤的专利申请量相当，说明在该方法中，这两个步骤的重要性相当，任何一个步骤技术发展的滞后都会阻碍合成气氧化偶联法技术整体的发展。从时间角度讲，草酸酯合成技术的发展早于草酸酯氢化技术的发展，表现为第一步骤的相关中国专利申请始于1985 年，而第二步骤的相关中国专利申请直至 2007 年才被提出。虽然涉及第二步骤的专利申请提出较晚，但从总量上看其申请量已经不低于第一步骤，说明第一步骤的技术已相对成熟，业界对于合成气氧化偶联法的研究兴趣已从原来的草酸酯合成技术转移到草酸酯催化加氢技术上，预计未来的专利申请重心将偏向于草酸酯催化加氢技术。

　　③ 催化剂　根据反应在合成气氧化偶联法中所处阶段的不同，可将催化剂分为草酸酯合成催化剂和草酸酯加氢催化剂两大类。

　　a. 草酸酯合成催化剂。该步骤以铂系金属元素如钯作为催化剂的主成分，并通过加入碱金属（如 K）、碱土金属（如 Mg、Ca、Ba）、第ⅢA 族金属（如 Al、Ga）、第ⅣA 族金属（如 Sn）、过渡金属（如第ⅣB 族的 Ti、Zr，第ⅤB 族的 V、Nb，第ⅥB 族的 Cr、Mo、W，第ⅠB 族的 Cu、Ag、Au，第ⅡB 族的 Zn，第ⅦB 族的 Mn、Re，第Ⅷ族的 Fe、Ru、Os、Co、Rh、Ir、Ni、Pt）、镧系金属（如La、Ce）而对催化剂进行改性。

　　b. 草酸酯加氢催化剂。该步骤以铜作为催化剂的主成分，并通过加入主族金属（如碱金属 Na、K，碱土金属 Mg、Ca、Ba，第ⅢA 族的 B、Al、Ga）、过渡金属（如第ⅣB 族的 Ti、Zr，第ⅤB 族的 V，第ⅥB 族的 Cr、Mo，第ⅦB 族的 Mn，第ⅠB 族的 Ag，第ⅡB 族的 Zn，第Ⅷ族的 Fe、Ru、Co、Rh、Ir、Ni、Pd、Pt）、稀土金属（如镧系的 La、Ce、Eu、Tb、Gd）而对催化剂进行改性。

2.3.3.3 其他合成路线技术分析

由于涉及甲醛羰基化法、甲醛氢甲酰化法和甲醇脱氢二聚法的中国专利申请量太小，不具有统计意义，所以此处仅以表格的形式列出这三种合成路线所涉及的中国专利申请基本情况，如表 2-19 所示。

表 2-19 其他路线相关专利申请基本信息

合成路线	申请号	申请日	申请人	审批历史	权利要求主题
甲醛羰基化法	200880005135	2008-02-04	伊士曼化工	视撤	工艺 催化剂及其制备
	200880005155	2008-02-04		视撤	工艺 催化剂及其制备
	200880118889	2008-11-24		处理中	工艺
	200880129363	2008-05-20	中科院大连化物所 & 英国石油	处理中	工艺
	200980128535	2009-03-16		处理中	工艺
	201010278927	2010-09-10	常州大学	处理中	催化剂
甲醛氢甲酰化法	200480037694	2004-12-15	国际壳牌	有效授权	工艺 催化剂
	201010155467	2010-04-26	常州大学	处理中	工艺
甲醇脱氢二聚法	201110032998	2011-01-25	中科院山西煤化所	处理中	工艺

2.3.4 乙二醇中国专利申请人分析

以检索到的中国数据为基础，从申请人总体情况、合成气氧化偶联法申请人情况、其他合成路线申请人情况三方面对煤制乙二醇领域中国专利申请的申请人分布状况进行分析。

2.3.4.1 总体情况分析

为了研究煤制乙二醇技术中国专利申请的申请人总体分布情况，对采集到的113 项中国专利申请按申请人进行统计。图 2-73 列举了该领域中国专利申请量排名前八位的申请人。

由图 2-73 可见，在该领域，排名前八位的申请人所拥有的专利申请量为 79项，占该领域中国专利申请总量的 69.9%，说明该领域在中国与全球相似，都是技术集中度很高的技术领域。并且，排名前八位的申请人全部来自国内，其中科研院所与公司企业在上榜数量上平分秋色，各占据排行榜中的四个席位。但是，从专利申请量的角度讲，该领域公司企业的研发实力明显强于科研院所，榜中前两位申请人均属公司类型，且榜首中石化的专利申请量遥遥领先。另外，国外申请人无一上榜，这与该领域国外来华申请量相对较少关系密切，见表 2-20。

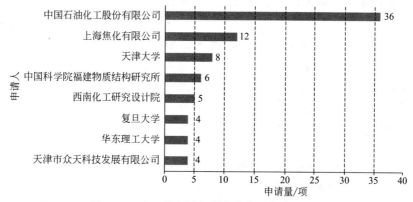

图 2-73　乙二醇中国专利申请主要申请人排名

表 2-20　国外来华申请审批历史明细

申请人	申请号	申请日	审批历史
宇部兴产株式会社［日本］	97113023	1997-04-16	视撤
国际壳牌研究有限公司［荷兰］	200480037694	2004-12-15	授权
	200880005135	2008-02-04	视撤
伊士曼化工公司［美国］	200880005155	2008-02-04	视撤
	200880118889	2008-11-24	处理中

　　表 2-20 显示了 5 项国外来华申请所属申请人情况，特点是其均为研发和生产实力相当雄厚的国际化大型化工企业。同时，在该领域 113 项中国专利申请中，还有 2 项是中科院大连化物所和英国石油作为共同申请人提交的 PCT 申请，申请号分别为 200880129363 和 200980128535。

　　与国外来华申请全部属于公司申请的情况不同，国内申请人包括了公司、科研院所、个人等多种类型。图 2-74 显示了煤制乙二醇领域中国专利申请的国内申请人类型分布情况。

　　由图 2-74 可见，该领域中国专利申请的国内申请人分属于公司、科研院所、公司和科研院所共同申请、个人四种类型。其中，由公司作为独立申请人或共同申请人提出的专利申请达 73 项，占全部国内申请人中国专利申请总量 108 项的 67.6%，但仍有 32.4% 的专利申请由与实际生产相脱离的科研院所（高校或研究所）独立提出。另外，图 2-74 所示的 1 项个人专利申请出自于傅永茂，其曾任职宁夏化工设计院院长，现受聘于

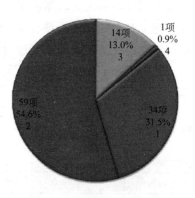

图 2-74　乙二醇中国专利申请
国内申请人类型统计

1—科研院所；2—公司；3—科研
院所-公司；4—个人

宁夏平罗大地化工有限公司，也就是说，其实际上有具有一定科研及生产实力的公司作为后盾，而并非简单的个人申请。

2.3.4.2 合成气氧化偶联法申请人分析

由于合成气氧化偶联法相关中国专利申请占该领域中国专利申请总量的九成以上，所以此处着重展开分析该合成路线的申请人分布情况。图 2-75 显示了这一分支领域的中国专利申请主要申请人排名情况；表 2-21 进一步显示了这一分支领域中排名前八位申请人的申请量随年份的变化情况。

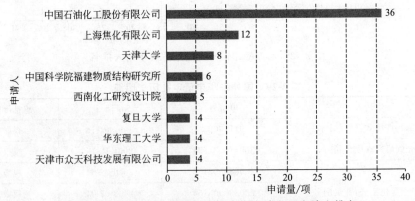

图 2-75　合成气氧化偶联法中国专利申请主要申请人排名

由图 2-75 可见，该分支领域的申请人排名顺序与煤制乙二醇领域总体的申请人排名顺序相同，说明煤制乙二醇领域的研发兴趣和主体研发力量都集中于合成气氧化偶联法。同时，如前所述，合成气氧化偶联法是我国乃至全球煤制乙二醇领域 9 种合成路线中唯一一条具有工业化前景的合成路线，该领域主要申请人排行榜上国外申请人的缺席说明与其他相对成熟的化工品领域不同，国外的大型能源、化工企业的触角还没有深入我国的煤制乙二醇领域，国内申请人相对而言具有该领域的技术优势和抢先进行专利布局的优势，这有利于我国深入发展该领域。

表 2-21　合成气氧化偶联法申请人活跃年份　　　　单位：项

申请年份	中石化	上海焦化	天津大学	中科院福建物构所	西南院	复旦大学	华东理工大学	天津众天科技
1985	0	0	0	1	0	0	0	0
1986～1989	0	0	0	0	0	0	0	0
1990	0	0	0	1	0	0	0	0
1991～1994	0	0	0	0	0	0	0	0
1995	0	0	0	1	0	0	0	0
1996	0	0	1	0	0	0	0	0
1997	0	0	0	0	0	0	0	0

申请年份	中石化	上海焦化	天津大学	中科院福建物构所	西南院	复旦大学	华东理工大学	天津众天科技
1998	0	0	0	1	0	0	0	0
1999～2001	0	0	0	0	0	0	0	0
2002	0	0	0	0	0	0	1	0
2003	0	0	0	0	0	0	1	0
2004～2005	0	0	0	0	0	0	0	0
2006	0	1	0	0	0	0	0	0
2007	0	1	3	0	0	0	0	0
2008	10	5	0	0	0	3	0	0
2009	23	5	1	1	3	0	1	0
2010	3	0	4	0	2	1	1	4
合计	36	12	8	6	5	4	4	4

　　由表 2-21 可见，作为该领域的老牌申请人，中科院福建物构所早在 1985 年便提出了自己在该领域的第一项中国专利申请，这也成为该领域的第一项中国专利申请，但在之后的二十几年中，福建物构所在该领域的专利申请量一直徘徊于有和无之间，直至今日，其在该领域的申请量仅达到 6 项。与之对比鲜明的是该领域中国专利申请量排名前两位的中石化和上海焦化，虽然他们进入该领域的时间较晚，但申请量增速强劲，尤其是中石化，其于 2008 年才进入该领域，至今短短三年时间已经拥有 36 项该领域的专利申请，且触角遍布工艺、催化剂及其制备、设备和分离等多方面。由此可见，中石化在煤制乙二醇领域，尤其是合成气氧化偶联法这一分支领域的实力不容小觑。2011 年 4 月 18 日，采用中石化上海研究院技术、由中石化南京工程公司承建的中石化合成气制乙二醇中试装置在位于江苏南京的扬子石化建成。该装置将进一步验证催化剂的试验结果和工艺流程设置的合理性，为合成气制乙二醇工业化装置的建设提供设计基础和关键数据，为中石化进入煤化工领域提供技术支撑。

　　按反应阶段细分，合成气氧化偶联法包括草酸酯合成和草酸酯加氢两个分步骤。不同申请人对这两个分步骤的关注和投入程度不尽相同。图 2-76 和图 2-77 分别显示了合成气氧化偶联法两个分步骤的主要申请人排名情况。

　　由图 2-76 和图 2-77 可见，合成气氧化偶联法排名前八位的申请人中，只有中石化、上海焦化和天津大学在两个分步骤都有投入研发力量，其他申请人则着重选择一个分支方向进行研究，如最早在该领域提出中国专利申请的福建物构所将主要的研发力量投放到草酸酯合成阶段，而西南院则将主要的研发力量投放到草酸酯加氢阶段。

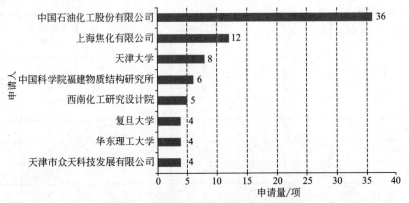

图 2-76　草酸酯合成步骤主要申请人排名

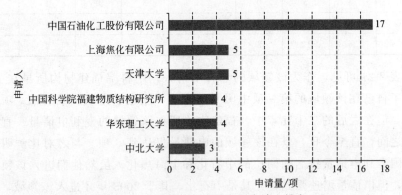

图 2-77　草酸酯加氢步骤主要申请人排名

2.3.4.3　其他合成路线申请人分析

其他合成路线的申请人详细信息参见表 2-19。前文已经提到，在煤制乙二醇领域 113 项中国专利申请中，5 项国外来华申请，2 项英国石油与中科院大连化物所的联合申请。由表 2-19 可见，这 7 项申请中有 5 项涉及甲醛羰基化法、1 项涉及甲醛氢甲酰化法，对于这些申请的专利预警分析参见"乙二醇专利风险分析"部分。

第 3 章
煤基化学品关键专利与技术发展

3.1 二甲醚关键专利与技术的发展

专利是记载二甲醚技术的重要载体，本课题梳理出了二甲醚领域的研究过程中的重要技术节点专利，即每一条工艺路线最早公开的专利，或每种方法或催化剂最早公开的专利，显示为技术发展的重要节点（纵轴上的数字表示节点专利公开的年份，需说明的是，纵坐标的刻度并非均匀的），其他的技术都是在这些专利的基础上改进发展而来的，因此我们可以从技术发展的脉络图中看出技术发展的始末，预测技术发展的方向。

3.1.1 二甲醚技术发展脉络

将二甲醚领域的全球重要技术节点专利，按时间先后顺序作图得到图 3-1。

由二甲醚的制备技术发展图图 3-1 可以看出，二甲醚的制备分为两步法、一步法和硫酸二甲酯法三种方法。两步法和一步法都可以利用合成气为原料，而硫酸二甲酯法利用甲烷为原料，反应难度大，污染严重，工业化前景不高，因此硫酸二甲酯法在此不做讨论。

两步法是最早出现的二甲醚制备方法，也是目前唯一工业化的方法。埃克森公司 1962 年公开的专利技术揭示了具有工业前景的气相固定床技术，为两步法工业化奠定了坚实的基础；随着各种不同类型催化剂的开发应用其技术也不断地发展分化，有以固体酸催化剂为基础的气相法（包括固定床法、流化床法和浆态床法）和以液体酸催化剂为基础的液相法；目前工业上应用的主体是气相法，但随着液相法中结合使用固体酸催化剂的催化精馏技术的出现，以该技术为代表的液相法工业化前景很好。一步法技术较两步法起步晚 10 多年，其发展不如两步法稳健，从 1974 斯南普公开的实验室技术至今，其技术发展比较发散，陆续开发出了

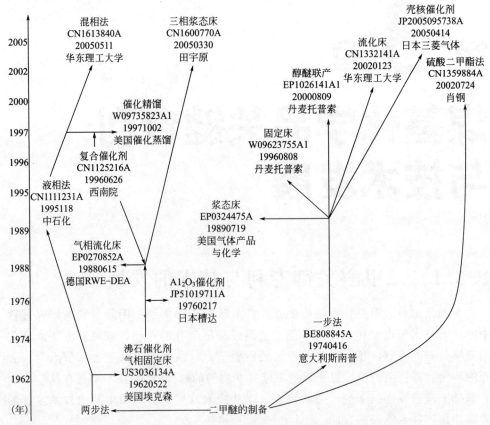

图 3-1　二甲醚制备技术发展

浆态床法、固定床法、醇醚联产和流化床法四种工艺，但其仍然只能是小规模的工艺流程，催化剂没有取得突破性进展，至今不能实现工业化。以下将对两步法和一步法的技术发展过程做出详细的分析（注：以下所述的申请日，有优先权的指优先权日）。

3.1.1.1　两步法

（1）气相两步法制备二甲醚技术

① 气相固定床　US3036134A，发明名称：醇转化为醚的方法，申请日：1959-8-4，申请人：ESSO RESEARCH AND ENGINEERING COMPANY（美国埃克森研究工程公司），于 1962 年 5 月 22 日在美国获得授权。该发明在实施例中公开了甲醇在固定床反应器中，在沸石催化剂上，脱水生成二甲醚。该美国专利是最早公开气相固定床法生产二甲醚的技术，也是最早公开沸石催化剂可以作为甲醇脱水催化剂的文献。

CN101108789A，发明名称：一种固体酸催化甲醇脱水反应生产二甲醚的方法，申请日：2006-12-4，申请人：中科院大连化学物理研究所，公开日：2008-1-23。

该申请公开了：一种固体酸催化甲醇脱水反应生产二甲醚的方法，采用甲醇分段进料控制或调节脱水反应器内的床层温度分布；固体酸催化剂为阳离子交换树脂、ZSM-5 分子筛、ZSM-35 分子筛、MCM-22 分子筛、γ-氧化铝或其上述任意催化剂的混合；反应器操作条件：反应压力为 0.2~4.0MPa，反应温度为 120~400℃，进料空速为 0.5~20h^{-1}。该申请的特点在于通过调节不同催化剂床层的甲醇进料量来控制甲醇脱水催化剂床层温度的分布，可以控制催化剂床层温度，从而可以减少副反应发生，延长催化剂的寿命。

② γ-Al$_2$O$_3$ 催化剂　JP51019711A，发明名称：利用碱金属氧化物 γ-Al$_2$O$_3$ 使甲醇脱水制备二甲醚，申请日：1974-8-6，公开日：1976-2-17，申请人：NIPPON SODA CO LTD（日本槽达株式会社）。该申请公开了甲醇在碱金属氧化物 γ-Al$_2$O$_3$ 上，在 250~450℃ 下脱水生成二甲醚，且获得的二甲醚的反应收率较高。该申请是第一个公开 γ-Al$_2$O$_3$ 作为二甲醚脱水催化剂的专利申请，使人们在进行二甲醚气相脱水时又多了一种常用的固体酸催化剂的选择，丰富了固体酸催化剂的类型。

气相甲醇脱水制二甲醚技术中催化剂的研制很重要，随后人们陆续开发出了各种不同的制备二甲醚的催化剂。如：JP3056433A，发明名称：制备用作气雾剂的二甲醚的方法，包括使甲醇在具有特殊比表面积和孔径的 γ-Al$_2$O$_3$ 上进行脱水的过程，申请日：1989-7-24，申请人：MITSUI TOATSU CHEM INC（日本的三井东压化学公司），于 1997 年 8 月 25 日于日本授权。该专利公开了：制备用作气雾剂的二甲醚的方法，包括使甲醇在具有比表面积为 210~300m^2/g，孔径为 30nm，孔容为 0.60~0.90mL/g 的 γ-Al$_2$O$_3$ 上，在固定床反应器中进行脱水的过程，反应条件为 GHSV 500~10000h^{-1}，温度 200~400℃，压力 1~20kgf/cm^2。该催化剂的优点在于比普通 γ-Al$_2$O$_3$ 的催化活性时间长，而且制备经济，特别适合固定床使用，在所述反应条件下可以连续使用 6 个月。该催化剂解决了普通 γ-Al$_2$O$_3$ 容易失活的问题。

③ 复合催化剂　CN1125216A，发明名称：由甲醇生产二甲醚的方法，申请日：1995-10-13，申请人：西南化工研究设计院，于 1999 年 5 月 12 日在中国授权。该发明公开了一种由甲醇生产二甲醚的方法，该方法是在一定温度范围内进行甲醇催化脱水，然后将脱水产物精馏，其特征在于原料甲醇先进入汽化分离塔，除去高沸点物及杂质，经汽化分离后的甲醇蒸汽分段进入多段冷激式反应器中，进行催化脱水反应，催化脱水反应采用的催化剂是主要含有 γ-Al$_2$O$_3$ 和铝硅酸盐结晶的复合固体酸催化剂。该方法可以制得纯度为 90%~99.99% 的二甲醚产品，而且西南院以该专利为基础成功开发出了商用催化剂，成为国内广泛使用的一类工业制备二甲醚的脱水催化剂。此外，人们还利用各种金属离子、硫酸盐、磷酸盐等对上述催化剂进行改性，不断地改善酸性脱水催化，使其达到对主反应选择性高并且避免深度脱水成烯烃或析碳等。

④ 气相流化床　EP0270852A，发明名称：生产纯二甲醚的方法，申请日：1986-11-18，申请人：RWE DEA MINERALOEL ＆ CHEM AG（德国 RWE-DEA 公司），最早于 1992 年 1 月 8 日在欧洲获得授权（中国同族 CN1036199A）。该专利公开了一种连续生产纯二甲醚的方法，该方法是先在 140～500℃和 1～50bar（1bar＝10⁵Pa）下使甲醇催化脱水，然后将脱水产物精馏，该实施例中指出可以使用流化床反应器进行甲醇脱水。这篇专利是第一篇公开气相流化床制备二甲醚的文献。

CN101125802A，发明名称：一种甲醇气相连续生产二甲醚的方法，申请日：2006-12-4，申请人：中科院大连化学物理研究所，公开日：2008-2-20。该申请公开了一种甲醇气相连续生产二甲醚的方法，在固体酸催化剂作用下，通过甲醇脱水反应在流化床内进行；反应器操作条件：反应压力为 0.1～2.0MPa，反应温度为 120～400℃，进料空速为 0.5～20.0h^{-1}；固体酸催化剂为阳离子交换树脂、ZSM-5 分子筛、ZSM-35 分子筛、MCM-22 分子筛、γ-氧化铝或其上述催化剂的混合。该申请的特点在于通过甲醇脱水在流态化反应器内进行，可以控制气相反应催化剂床层温度在均一的范围内，从而可以减少副反应发生，延长催化剂的寿命。

⑤ 气相浆态床　CN1600770A，发明名称：一种改进的二甲醚浆态床合成工艺，申请日：2003-9-25，申请人：田宇原（山东科技大学教授，该校清洁能源中心团队学术带头人），于 2008 年 3 月 5 日在中国获得授权。该专利公开了一种改进的二甲醚浆态床合成工艺。它通过在二甲醚浆态床合成前设置甲醇固定床合成过程，使合成气先部分反应生成甲醇；由于甲醇的生成反应为放热反应，合成气的温度升高到 240～260℃，进入二甲醚浆态床反应器有利于二甲醚的反应和取热产生高压水蒸气，同时甲醇固定床合成催化剂又对合成气起到预处理的作用，大大延长了二甲醚合成催化剂的寿命，提高了合成其单程转化率和二甲醚单程收率。该发明是首次公开浆态床制备二甲醚的工艺方法。

（2）液相两步法制备二甲醚技术

① 传统液相法　CN1111231A，发明名称：催化蒸馏制备二甲醚的方法，申请日：1994-5-3，申请人：中国石油化工总公司上海石油化工研究院，于 1999 年 5 月 5 日在中国授权。该方面公开了一种液相催化合成二甲醚的工艺方法，其特征在于在反应器内催化反应与精馏过程同时进行，出口反应产物不含酸性物质。甲醇物料进入到反应器中后，在反应温度 60～180℃；压力 0～0.3MPa（绝压），硫酸作催化剂的条件下，脱水生成二甲醚。在反应过程中产物二甲醚与甲醇不断分离，具有工艺简单、产品纯度高、成本低，过程中不产生废酸、废渣和含酸废水等优点。该专利是传统液相法的典型代表，由于该方法中使用浓硫酸作为催化剂，腐蚀设备，副产物硫酸氢甲酯有剧毒，污染环境，因此该方法逐步被淘汰。

CN1322704A，发明名称：复合酸法脱水催化生产二甲醚，申请日：2001-4-

23，申请人：李奇（山东久泰化工科技股份有限公司副总经理），于 2003 年 5 月 21 日在中国获得授权。该发明公开了甲醇和液体硫酸与磷酸组成的复合酸进行催化反应生成二甲醚，液体复合酸中硫酸和磷酸的摩尔比为 1：（0.5～8），甲醇与液体复合酸的反应温度为 120～200℃，反应压力为 0～0.05MPa。该方法改变了单一酸脱水催化的共沸现象，使水分能够稳定均衡脱出，生产能够连续进行，能量消耗低，设备腐蚀小，生产流程短，设备投资省，生产成本低，具有明显的经济效益。该方法基本解决了无机酸催化剂的排放问题，目前是久泰能源的专有技术。该公司在 2004 年国家知识产权局主办的中国国际专利与名牌博览会上，被评为"中国专利十佳企业"，在 2005 年第十五届全国发明展览会上该专利评为金奖，李奇副总经理作为二甲醚项目的发明人荣获享有盛誉的世界知识产权组织 WIPO 设立的专项奖。

② 催化蒸馏法 WO9735823A1，发明名称：通过在氢的存在下在催化蒸馏反应区使烷基醇与催化剂接触制备烷基醚的方法，申请日：1996-03-25，申请人：CATALYTIC DISTILLATION TECHNOLOGIES（美国催化蒸馏公司），最早于 2002 年 11 月 13 日在欧洲获得授权。该专利公开了二烷基醚的生产方法，在催化蒸馏反应器中，使烷基醇与沸石催化剂在固定床上接触生成相应的二烷基醚和水，二烷基醚可以同时从未反应的原料和水中分离开来。该方法包括在一个反应器中进行反应和蒸馏两个步骤，是最早公开的催化蒸馏制备二甲醚的工艺。

"十一五"期间，国内也公开了许多催化蒸馏工艺，如：CN1907932A，发明名称：一种由甲醇生产二甲醚的方法，申请日：2005-8-4，申请人：中科院大连化学物理研究所，公开日：2007-2-7。CN101016231A，发明名称：一种由甲醇经脱水反应生产二甲醚的方法，申请日，2007-3-7，申请人：中科院大连化学物理研究所，公开日 2007-8-15。上述两件申请公开的都是在单一催化蒸馏塔中完成反应和分离，直接得到合格的二甲醚产品并排出废水的方法。CN101475452A，发明名称：一种催化蒸馏生产二甲醚的方法，申请日：2008-10-31，申请人：中国石油化工股份有限公司，公开日：2009-7-8，该申请公开了多个催化蒸馏塔的优化的催化蒸馏工艺流程，既充分发挥了催化蒸馏塔反应、分离的功能，又以尽量低的设备投资、操作成本增加了催化蒸馏塔的操作弹性，使工艺流程达到最优化。CN101481301A，发明名称：甲醇反应精馏法分步反应制取二甲醚的生产工艺，申请日：2008-1-11，申请人：山东科技大学，公开日 2009-7-15，该申请公开了"液-液-气"混相循环催化精馏工艺，在 120～180℃下液相和气相甲醇分子与催化剂分子充分接触反应，反应热合理利用，转化率高、能耗低。CN101434518A，发明名称：一种固定床反应器与催化剂结合生产二甲醚的方法，申请日：2008-12-15，申请人：上海惠生工程公司，公开日：2009-5-20，该申请公开的是固定床与催化精馏相结合的工艺。上述这些申请公开的都是甲醇在催化蒸馏塔中，经脱水反应生成二甲醚和水的方法。催化蒸馏法是两步法中出现的新工艺，由于该方法使用固体酸催化剂，消除了废水污染和上部设备的腐蚀问题，而且生成的二甲醚气体极易脱离液相，投资相对较少，因此该方法很可能成为二甲醚液相脱水的工业化研究新热点。

③ 混相法　CN1613840A，发明名称：一种混相法甲醇脱水制二甲醚的方法，申请日：2004-8-18，申请人：水煤浆气化及煤化工国家工程研究中心、华东理工大学，于 2006 年 11 月 15 日在中国获得授权。该发明公开了一种混相法甲醇脱水制二甲醚的方法，包括如下步骤：将甲醇通入混相液体，脱水转化成二甲醚，然后从反应产物中收集二甲醚；所说的混相液体包括：甲醇、磷酸、硫酸、硫酸氢钠。采用本发明的方法，甲醇转化率为 80%～90%，二甲醚的选择性≥99%。该方法是在液相法的基础上首次提出的混相法制备二甲醚的方法，其流程简单，投资小，反应过程的转化率与收率均较高，产品分离容易，操作条件温和，为一种具有工业化前景的二甲醚的生产方法。

3.1.1.2　一步法

一步法制备二甲醚技术：BE808845A，发明名称：甲醇在催化剂上与 CO、CO_2、H_2 反应制备二甲醚的方法，申请日：1972-12-20，申请人：SNAMPRO-GETTI SPA（意大利斯南普罗格蒂公司），最早于 1976 年 5 月 18 日在美国获得授权。该发明公开了将含 CO、CO_2 和 H_2 的合成气通过甲醇合成和甲醇脱水均具有活性的催化剂得到二甲醚，该催化剂是 Cu 基催化剂，反应温度 220～320℃，或含 Cr/Zr，反应温度为 280～400℃，氧化铝作为载体，反应区包括甲醇合成催化剂和甲醇脱水催化剂，反应压力 0～500kgf/cm^2。该专利是最早公开的由合成气一步法制备二甲醚的技术。在上述基础上人们对一步法的工艺和催化剂进行了各种研究。

（1）工艺

① 浆态床工艺　EP0324475A，发明名称：使用固体催化剂在惰性液体中在三相系统中由合成气直接制备二甲醚的方法，申请日：1988-1-14，申请人：AIR PROD & CHEM INC（美国气体产品与化学），最早于 1993 年 1 月 7 日在欧洲获得授权。该申请是最早提出浆态床一步法制备二甲醚的技术。EP0409086A，发明名称：通过一步液相法合成二甲醚，申请日：1989-07-18，公开日：1991-1-23，申请人：AIR PROD & CHEM INC（美国气体产品与化学）。这两件申请都是关于浆态床一步法制备二甲醚的工艺，构成了美国气体产品与化学的 LPDME 浆态床工艺的基础，其在单一鼓泡浆态床中使合成气一步合成二甲醚。

WO9310069A1，发明名称：利用包含 Zn/Cu/Cr/Al 的氧化物作为催化剂使一氧化碳和氢气反应制备二甲醚的方法，申请日：1991-11-11，申请人：NKK CORP（日本 NKK 公司），最早于 1993 年 11 月 4 日在日本获得授权。该工艺为业界出名的日本 NKK 鼓泡浆态床工艺，采用煤层气（CH_4 40%，空气 60%）部分氧化技术制备合成气，以返回的二氧化碳调节合成气中的氢碳比。该工艺是为了促进煤的综合利用而开发，也可用于以天然气及煤层气为原料生产二甲醚。

CN1327874A，发明名称：一种浆态床合成反应装置，申请日：2001-6-1，申请人：清华大学，于 2004 年 2 月 11 日在中国授权。该申请涉及一种浆态床合成反应装置，该反应装置，通过控制循环速度调节反应物在反应器内的停留时间，增强气泡的破碎和分散，气泡直径减小，气含率增大，改善浆态反应器内的相际传质，并利用大颗粒起到的破碎气泡作用，进一步增大气液相际传质面积，改善相际传质。清华大学在该装置的基础上开发了循环浆态床工艺，该工艺不仅适用于天然气基合成气也适用于煤基合成气。

CN1285340A，发明名称：一种在三相淤浆床中合成二甲醚的方法，申请日：2000-8-31，申请人：中国石油化工股份有限公司、华东理工大学，于 2004 年 6 月 9 日在中国获得授权。该发明公开了一种三相淤浆床中合成二甲醚的方法，本发明将催化剂悬浮于惰性溶剂中，置于塔式或釜式反应器中，形成一种三相鼓泡淤浆床，以 CO、CO_2 和 H_2 为气相，由于液相的比热容较大，因而在三相鼓泡淤浆床中容易实现恒温操作，而且催化剂颗粒表面为溶剂所包围，结炭现象大为缓解，且对贫氢及富氢的合成气均适应，与气相一步法相比，三相床合成气直接制 DME 具有反应条件温和、CO 转化率高及 DME 选择性好等特点。

由上述分析可以看出，一步法浆态床工艺是合成气一步法中研究最多的工艺，而且国内外都有比较知名的工艺方法，虽然一步法没有实现工业化，但并不是说工艺流程无法实现，而是技术经济不过关，装置投资高，生产成本高，不具备竞争优势，一旦催化剂和设备有了关键性的突破，各种浆态床工艺以其传热、传质效果好，投资少，操作方便等优点会成为工业化的首选，因此应当做好这方面的技术储备。

② 固定床工艺　WO9623755A1，发明名称：燃料级二甲醚的制备方法，申请日：1996-8-8，申请人：HALDOR TOPSOE AS（丹麦托普索公司），最早于 1998 年 7 月 16 日在俄罗斯获得授权（中国同族 CN1085647C，授权公告日 2002 年 5 月 29 日）。该专利公开了从含有氢和碳氧化物的合成气制备燃料级二甲醚的方法，其中，在一个或一个以上的催化反应器中，在甲醇合成中和甲醇脱水中均具有活性的催化剂存在下，将合气转化成二甲醚、甲醇和水的混合工艺气体；其中方法包括分离气相和液相的另外的步骤。该方法即是业界公认的托普索的 TIGAS 固定床工艺，所用催化剂为水气变换催化剂和 Cu 基甲醇合成催化剂、甲醇脱水（氧化铝和硅酸铝）催化剂混合构成，该工艺也是最早的一步法固定床工艺。

JP3008446A，发明名称：由一氧化碳和氢气合成二甲醚的催化剂的制备方法，申请日：1989-06-07，申请人：MITSUBISHI HEAVY IND CO LTD（日本三菱重工），公开日：1991-1-16。该申请公开了 Al 和/或 Zn，Cr 改性的 Cu-基催化剂的制备方法，该催化剂具有活性高、使用寿命长的特点，三菱重工在此基础上开发出的 AMSTG 固定床工艺。

CN1172694A，发明名称：用于由含一氧化碳和氢气体制取二甲醚的催化剂及应用，申请日：1996-8-2，申请人：中科院大连化学物理研究所，于 2002 年 1 月 16 日于中国授权。该方法属于固定床工艺，采用金属-沸石双功能催化剂体系，催化剂是由经过改性处理的分子筛与添加适量助活性组分促进的铜锌加氢组分复合制成的，其中改性处理是沸石分子筛中引入适量的ⅠA、ⅠB、ⅡA、ⅡB、ⅢA、ⅤA 以及镧系元素中的一种或几种，向含铜锌组分中添加的助活性组分是硼，铝，钛，钒，铬，锰，铁，钴，镍，锆，钼，镉，锡，钨，铼和镧系元素中的一种或几种元素的单质或其氧化物。该催化剂，具有较高的催化活性、二甲醚选择性、碳利用率和稳定性。

③ 醇醚联产工艺　EP1026141A1，发明名称：从合成气合成甲醇/二甲醚混合物的方法，申请日：1999-2-2，申请人：HALDOR TOPSOE AS（丹麦托普索公司），最早于 2001 年 2 月 20 日在美国获得授权（中国同族：CN100349839C，2007 年 11 月 21 日授权公告）。该发明公开了从化学计量基本上平衡的合成气，通过新的合成步骤的结合，生产富含 DME 的 DME/甲醇混合物的改进方法，包括以下步骤：

a. 将合成气通过含有来自合成气的形成甲醇的活性催化剂的冷却反应器中，形成富含甲醇的流出物气流；

b. 使步骤 a 的流出物和甲醇脱水的活性催化剂接触，进一步形成富含 DME 的合成气气流；

c. 排出步骤 b 的合成气流，将其分离为富含 DME 的 DME/甲醇产品混合物和部分转化的合成气流；

d. 将预定数量的部分转化的合成气流循环到合成气的补充气流中，形成步骤 a 的合成气流。

该方法采用的技术和工艺组成都与甲醇工艺相似，是业界出名的醇醚联产工艺法，该工艺减少了粗甲醇分离和精馏，因此相对甲醇气相合成，缩短了流程，但不利于甲醇脱水反应生成二甲醚的热力学平衡，不利于二甲醚收率的提高。

④ 流化床工艺　CN1332141A，发明名称：一种合成气直接合成二甲醚的方法，申请日：2001-7-24，申请人：华东理工大学，于 2004 年 9 月 15 日在中国获得授权。该发明公开了一种合成气直接合成二甲醚的方法和装置，来自煤气化炉的合成气与循环甲醇由底部进入设有移热元件并装填了催化剂的流化床反应器进行二甲醚的合成反应，然后进行分离和精制，本发明取消了反应器前原料合成气的水煤气变换过程，流化床反应器带出的催化剂细粉在分离精制部分得到捕集，传热效果是三相床的 3～5 倍，催化剂利用空间可达 50%，所获得的二甲醚的纯度大于 99.5%。该方法打破了浆态床对一步法制备二甲醚的垄断地位，首次提出了流化床工艺，将成为日后工业化的一个选择。

（2）催化剂　一步法催化剂都是以 Cu 基催化剂作为甲醇合成的活性催化剂，以两步法中的脱水催化剂作为脱水活性催化剂复合而成，大量的研究都集中在催化剂组分的改性上，例如用各种不同的金属改性等。JP2005095738A，发明名称：用于制备二甲醚的催化剂，包括含 Cu、Zn 前体的核以及固体酸外壳，申请日：2003-09-24，申请人：MITSUBISHI GAS CHEM CO INC（日本三菱气体公司），公开日：2005-4-14，该申请公开了对催化剂的结构进行的研究，公开了一步法壳核结构的双功能催化剂，该催化剂在低温下具有高活性和高选择性，耐压，作用时间长，不易失活，杂质含量低。是人们首次对一步法催化剂进行结构上的改进，为催化剂研究开拓了一种新的思路。

3.1.2　二甲醚技术小结

由二甲醚技术脉络图 3-1 可以看出，在二甲醚的制备领域，两步法的研究比一步法研究活跃，以下将对各种不同的制备方法做出比较和总结。

3.1.2.1　一步法与两步法的比较

相对于两步法工艺，合成气一步法制备二甲醚具有反应优势，其一是在甲醇脱水反应生成二甲醚的同时，其反应生成的水迅速被消耗掉，使甲醇脱水反应的平衡被破坏，促进反应向二甲醚生成方向进行，克服了合成甲醇反应转化率低的弱点，提高了转化率；其二是以甲醇为原料的两步法中，合成气、甲醇的分离及原料甲醇气化均需要一定的能耗，而一步法工艺，合成甲醇反应和甲醇脱水反应在一个反应器中完成，省去相应中间过程，使反应更直接和简洁。

但一步法也存在许多不足，主要表现为：

① 原料利用率低，以目标产品二甲醚计，合成气一步法的原料利用率约为 50％，造成原料气的浪费；

② 催化剂要求高、用量大，迄今为止未找到对两个反应同时具有较好催化作用，且稳定性好的催化剂，有待技术突破；

③ 后续反应产物分离困难，分离流程复杂，投资和运行成本较高；

④ 大型化难度大，合成气一步法的化学反应为强放热反应，但由于催化剂耐热限度和副反应增加等原因，反应温度又不能过高，因此反应器必须有很强的换热能力，使装置的大型化受到影响。

因此，根据上述比较可知，二甲醚的工业化技术在一段时期以内仍将以二步法为主，一步法或联产法工业化技术尚未成熟，虽然一步法工艺流程可以实现（例如固定床工艺和浆态床工艺），但是技术经济不过关，装置投资高，生产成本高，不具备竞争优势，其在大型化装置和催化剂两项关键技术方面亟需突破性进展。

3.1.2.2　两步法不同工艺的比较

两步法制备二甲醚既有液相工艺也有气相工艺，这两种工艺，各有其优势和不足。

液相法的反应在液相中进行，便于反应热及时移出，反应温度低，甲醇在反应器中的单程转化率高，反应热利用较充分，能耗低；液态甲醇参与反应，省去了甲醇气化过程，缩短了流程和投资；传统液相法催化剂为液体酸，消耗量低，价格低，降低了投资和运行费用。但传统液相法也存在不足，主要是：

① 常压反应，产品为气相二甲醚，需要冷凝液化，电耗高；

② 液体酸腐蚀反应器，且废酸污染环境；

③ 反应器无法大型化。

为了克服传统液相法的缺点，液相法发展出了一种新工艺——催化精馏法，其利用固体酸作为催化剂，反应和分离在一个反应器中进行，合理利用反应热，转化率高、能耗低，是将来大型化的一个发展方向。

气相法在固体酸催化剂的作用下，脱水生成二甲醚，甲醇单程转化率在70%~80%，二甲醚选择性大于99%，工艺成熟简单，对设备材质无特殊要求，基本上无腐蚀问题，装置易于大型化。气相法二甲醚合成技术是目前工业生产二甲醚的主要方法，与其他二甲醚合成方法相比技术更成熟。但气相固定床法二甲醚合成技术也存在着流程长、能耗高、副反应稍多、反应器床层温差大、易飞温等缺点，因此，今后气相固定床法将在反应器的改进上寻找突破。同时，由于流化床反应器温度均匀，易于控制，因此，气相流化床法的研究会越来越多，并逐步完善和成熟、日趋走向大型化。

3.2 醋酸关键专利与技术的发展

专利是记载技术的重要载体，本课题梳理出了醋酸领域的重要节点专利，可以从技术发展的脉络图 3-2 中看出技术发展的始末，预测技术发展的方向。

3.2.1 醋酸技术发展脉络

根据课题组的前期检索结果数据的分析，当前煤化工路线生产醋酸的方法包括发酵法、合成气法、甲烷法、二氧化碳水热法和甲醇羰基化法。其中目前已经实现工业化的方法是甲醇羰基化法和合成气法，其中甲醇羰基化法在工业上应用较为广泛，合成气法在工业上应用较少。图 3-2 中，粗箭头表示已经实现工业化的路线，细箭头表示尚未实现工业化的路线。

生产醋酸的方法大多是 20 世纪开发的技术，例如甲烷法于 1924 年出现，甲醇羰基化法于 1934 年出现，合成气法在 1976 年出现，发酵法于 1984 年出现，只有二氧化碳水热法于 2010 年出现。当前醋酸领域的发明仍然主要是对当前已经存在的方法的改进，近二十年来没有出现革命性的技术变革如图 3-3 所示。

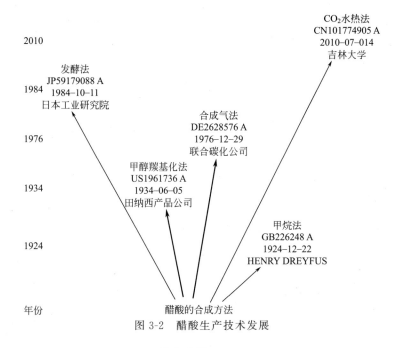

图 3-2　醋酸生产技术发展

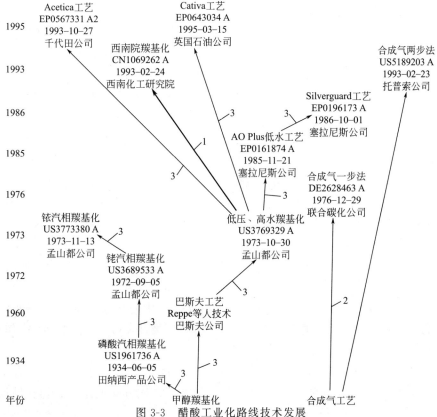

图 3-3　醋酸工业化路线技术发展

当前已经实现工业化的工艺路线有甲醇羰基化工艺（线条 1 和线条 3）和合成气工艺（线条 2）。西南化工研究设计院是我国醋酸领域非常重要的研究和设计单位，具有我国自主知识产权的"甲醇低压液相羰基合成醋酸反应方法"，我国江苏索普（集团）有限公司和兖州煤矿集团公司均采用了西南化工研究设计院的技术。

煤化工路线生产醋酸的各种方法详述如下。

（1）发酵法 发酵法由煤化工产品发酵生产醋酸，煤化工产品例如二氧化碳、一氧化碳和甲醇等。

日本产业技术综合研究所在 JP59179088 A（1984-10-11）公开了通过醋酸细菌厌氧培养的方式由二氧化碳和氢气制备醋酸的方法，在 JP59179089 A（1984-10-11）中公开了通过在含有作为碳原的甲醇的介质中培养假单胞菌微生物制备醋酸的方法。GADDY J L 在 US5593886 A（1997-01-14）公开了由一氧化碳制备醋酸和/或乙醇的方法。

（2）合成气法 合成气工艺包括合成气一步法和合成气两步法。

合成气一步法指的是由合成气直接合成醋酸。美国联合碳化公司在 DE2503233 A（1975-07-31）中公开了以铑/二氧化硅为催化剂由合成气合成醋酸。中国科学院大连化学物理研究所在 CN1175479 A（1998-03-11）中公开了用于将一氧化碳加氢合成 C_2 含氧化合物的 Rh-V-M/SiO_2 催化剂。合成气一步法工业上的典型工艺由联合碳化公司开发，联合碳化公司在 DE2628463 A（1976-12-29）中公开了从合成气直接生产醋酸的工艺，该工艺的优点在于能在均相体系中使用铑催化剂，转化率较高，而且氧化产物的浓度可以调整。

合成气两步法第一阶段由合成气制备甲醇，然后甲醇羰基化合成醋酸。合成气两步法的典型工业化路线由托普索公司开发。托普索公司在 US5189203 A（1993-02-03）中公开了第一阶段合成甲醇和二甲醚，然后甲醇和二甲醚羰基化生成醋酸的方法。

（3）甲烷法 甲烷法制备醋酸包括甲烷直接法和甲烷间接法。

① 甲烷直接法 葡萄牙高等技术学院在 CN1726082A（2006-01-25）中公开了将甲烷直接一锅法转化为醋酸的催化剂和方法，催化剂体系中含有钒配合物、过氧焦硫酸盐和三氟乙酸。

美国气体研究院在 US5393922A（1995-02-28）中公开了使用液相金属或金属盐作为催化剂，使用过氧化氢将甲烷直接氧化成醋酸的方法。

美国气体研究院在 US5510525A（1996-04-23）中公开了一种将低碳烃直接氧化羰基化生成两个碳以上羧酸的方法，该方法既需要用 CO，也需要用 O_2 作反应剂，反应在均相金属盐催化体系中进行。

HENRY DREYFUS 在 GB226248 A（1924-12-22）公开了一种由含有甲烷、一氧化碳和/或二氧化碳的混合物制备醋酸的方法，该方法使用铁、镍、钴、钯、铂或铜作为催化剂。

住友化学株式会社在 US5281752A（1994-01-25）中公开了使用甲烷和一氧化碳在 Pd 催化剂和三氟醋酸的作用下，使用过硫酸钾为催化剂合成醋酸的方法。

德国赫希斯特公司在 WO9605163A1（1996-02-22）中公开了在固体多相催化剂上，由甲烷和二氧化碳直接羧化形成乙酸的方法。

太原理工大学在 CN1309114 A（2001-08-22）中采用甲烷、二氧化碳交替进料的方式合成乙酸，能突破热力学限制，直接由甲烷和二氧化碳合成乙酸。

② 甲烷间接法　加拿大自然资源部在 US5659077A（1997-08-19）公开了一种制备醋酸的方法，将甲烷部分氧化成甲醇、一氧化碳、二氧化碳、甲烷和水蒸气的混合物，分离出水蒸气后与外加甲醇进行甲醇羰基化反应，得到醋酸。

陶氏环球技术公司在 CN1525950 A（2004-09-01）中公开了一种醋酸的制备方法，包括甲烷、HCl 和氧气在催化剂作用下生成氯甲烷；氯甲烷与一氧化碳生成乙酰氯；乙酰氯水解合成醋酸。

湖南大学在 CN1640864 A（2005-07-20）中公开了首先将甲烷用氧气和溴化氢生成溴甲烷；然后溴甲烷与水、一氧化碳反应生成醋酸的方法。

（4）二氧化碳水热法　吉林大学在 CN101774905A（2010-07-14）中公开了在温和水热条件下利用二氧化碳（CO_2）与水在纳米铁粉表面发生水热反应合成甲酸和乙酸的方法。CO_2 是自然界丰富的碳资源，是碳的最终氧化物，不能燃烧也不能释放能量。由于化石能源的广泛应用，大量 CO_2 气体直接排放到大气中，导致大气中 CO_2 浓度不断增加，并引起温室效应的加剧。CO_2 是最重要的人为温室气体。全球气候变暖，对人类以及整个地球环境系统可能产生一系列严重且不可逆转的危害，已经引起世界各国的广泛关注。从地球环境的有效保护和碳资源的储存与有效利用两个基本点出发，研究和开发 CO_2 的有效利用和固定是绿色化学中最重要的研究课题。

（5）甲醇羰基化法　田纳西产品公司在 US1961736A（1934-06-05）中公开了汽相甲醇羰基化制备醋酸的方法，由于该方法使用磷酸作为催化剂，腐蚀严重，选择性低，难以实现工业化。1941 年，德国化学家雷普（Reppe）发现第八族羰基化合物和卤素作为催化剂，可以在 20～45MPa、250～270℃进行甲醇羰基化反应，1960 年，巴斯夫公司根据雷普的研究成果建成首套甲醇羰基化高压装置（巴斯夫法）。孟山都公司在 US3769329 A（1973-10-30）中公开了应用铑-碘催化剂体系的甲醇羰基化方法（孟山都工艺），与高压羰基化（巴斯夫法）相比，反应温度和反应压力明显降低，收率可达 99%。然而存在催化剂昂贵、铑催化剂不稳定、反应体系存在大量的水、碘化物的存在造成严重的设备腐蚀等缺点。塞拉尼斯公司在 EP0161874 A（1985-11-21）中通过加入高浓度无机碘提高了铑催化剂的稳定性，反应器中水浓度降低至 4%～5%，保持了较高的羰基化反应速率，极大地降低了装置的分离费用（AO Plus 低水工艺）。AO Plus 低水工艺的高碘环境造成设备腐蚀问题，并且最终产品碘含量较高，会引起下游催化剂中毒，为了解决这一问题，塞拉尼斯使用银离子交换树脂可将碘含量降至小于 2×10^{-9}（Silverguard

工艺）。英国石油公司在 EP0643034 A（1995-03-15）中公开了使用金属铱作为助催化剂，使用铼、钌、锇等助催化剂的羰基化工艺（Cativa 工艺），减少了用水量，抑制了水煤气变换反应的发生，产生更少的丙酸副产物，比孟山都法更加绿色也更加有效，很大程度上排挤了孟山都法。千代田公司在 EP0567331 A2（1993-10-27）中公开了采用多相载体非均相催化剂系统和鼓泡塔反应器的甲醇羰基化工艺（Acetica 工艺），与常规多相催化系统不同，溶液中无需过量水来保持催化剂的活性，反应器中碘化氢含量低，并可使用低纯度的一氧化碳。

我国西南化工研究设计院在 CN1069262 A（1993-02-24）中公开了具有我国自主知识产权的"甲醇低压液相羰基合成醋酸反应方法"，在羰基合成反应器后串联 1～2 个转化器，采用带有加热面由外部供热的蒸发器，克服了孟山都法母液大量循环的缺点，可以减少铑耗和碘耗，并可减少反应器腐蚀。

3.2.2　醋酸技术小结

由醋酸技术脉络图 3-2 可以看出，煤化工路线生产醋酸的工业化路线主要是甲醇羰基化法和合成气法，在醋酸的制备领域主要集中于甲醇羰基化法的研究，以下将对各种不同的制备方法做出比较和总结。

3.2.2.1　各种制备方法的比较

当前以煤化工原料生产醋酸的方法主要有发酵法、二氧化碳水热法、甲烷法、合成气法和甲醇羰基化法，以下对各种方法的优劣进行简单分析。

（1）发酵法　能够将传统工业产生的大气污染物和温室气体转化为有用的醋酸，将炭黑工厂、焦炭工厂、合成氨工业、石油加工、钢厂、造纸中产生的废气进行有效地处理。然而，发酵法生产醋酸反应速率慢，并且受限于厌氧细菌的发展，尚没有实现工业化。

（2）二氧化碳水热法　在温和水热条件下利用二氧化碳与水在纳米铁粉表面发生水热反应，合成甲酸和乙酸。该方法为二氧化碳捕集和转化提供了一种全新的方式，然而由于该方法反应太慢，反应进行 5h 没有产品出现，反应 72h 后甲酸和乙酸的最大产率也仅仅分别为 8.5mmol/L 和 3.58.5mmol/L，并且该方法为间歇反应，暂时还不能实现工业化生产。

（3）甲烷法　能够以天然气为原料生产醋酸。随着我国经济社会的持续快速发展，天然气需求大幅度增长，国内天然气生产不能满足市场需求，供需矛盾突出。当前我国《天然气利用政策》的基本原则是确保天然气优先适用于城市燃气，而将以甲烷为原料制甲醇的项目列为禁止类，由于由天然气生产醋酸同样不具有成本优势，根据我国当前的状况，不宜新建天然气制备醋酸的工业化项目。

值得关注的是，二氧化碳将甲烷羰基化转化为醋酸，不仅充分利用了天然气和工业排放气中的甲烷，还能够为二氧化碳的化学捕集和利用提供一种新的方向，虽然在醋酸工业上还不具有生产意义，但在工业排放气的处理和二氧化碳捕集方面具有积极意义。

此外，目前油田开采中的大量低级烷烃仍以火炬形式烧掉，不仅浪费了资源，而且增大了大气中二氧化碳的浓度，污染了环境，充分利用油田开采中的大量低级烷烃制备醋酸等产品，可以成为一种发展方向。

（4）合成气法　制备醋酸已经由联合碳化公司和托普索公司分别实现了工业化。联合碳化公司使用铑催化剂从合成气直接生产醋酸，在制备醋酸的过程中，避免了中间体甲醇的制备。托普索公司工艺路线的第一阶段合成甲醇和二甲醚，然后由甲醇和二甲醚羰基化生成醋酸，托普索两步法可以可控地生产醋酸和甲醇，使得工厂生产更加具有可控性。

（5）甲醇羰基化法　经过巴斯夫高压法、孟山都法，以及 AO Plus 低水工艺、Silverguard 工艺、Cativa 工艺、Acetica 工艺等甲醇羰基化工业化路线的出现，其已经成为当前大规模醋酸生产的主要技术路线。2010 年采用甲醇羰基化法生产醋酸的产能占我国总产能的 85% 以上，占世界总产能的 66% 左右，并且作为新建大型装置的首选技术，所占份额还将不断增大。

3.2.2.2　甲醇液相羰基化与汽相羰基化的比较

（1）甲醇液相羰基化　甲醇的羰基化是众所周知的反应，一般是在液相中采用催化剂进行的。众所周知，由于液相羰基化具有较温和的反应条件、高催化活性和高选择性等特点，在技术和经济上具有独特优势，目前国际上醋酸的工业生产大都采用低压液相羰基化工艺。

然而，工业上的液相羰基化工艺的缺点在于需要另外的步骤用于将产物从催化剂溶液中分离，且催化剂总是存在使用损失，金属组分的这些损失是昂贵的，因为金属自身是非常昂贵的。液相羰基化需要通过从反应器蒸馏或反应溶液减压闪蒸来将反应产物和催化剂分离。在闪蒸过程中催化剂的分解和沉淀会导致许多问题，而且这些分离方法往往是复杂的，需要附加的反应步骤。碘化物回收困难，大量碘化物作促进剂使设备腐蚀严重，设备需要昂贵的哈氏合金或锆制造。

（2）甲醇汽相羰基化　由于工业上广泛应用的液相羰基化法存在上述问题，当前正在开发汽相羰基化法。与现有商业的液相均相方法比较，在汽相中使用多相催化剂的操作提供了以下的一些优点：

① 消除了使用均相方法时将催化剂物质与得到的液体产物分开的困难且昂贵的步骤。

② 除去了向反应介质中输入大量一氧化碳所导致的速率限制，该速率限制造成了液相均相方法中可达速率的极限。消除该速率限制后就可以大大提高在汽相操作方法中可达到的反应速率。

③ 在更低压力下的操作容许在构成反应设备时使用低成本的材料。对汽相羰基化的研究主要集中于两种可能的催化剂：负载于高分子、沸石和氧化硅的铑，以及负载于活性炭上的非贵金属。

汽相羰基化的研究已经取得了很好的结果，然而距离工业化应用仍然存在一定的距离。以下因素制约了汽相羰基化实现工业化：一是没有找到一种理想的催化剂载体；二是没有找到一种防止活性金属在反应过程中从载体表面上大量脱落的方法；三是还没发现一种与活性铑有良好协同催化作用的相对廉价的金属，以减少铑的用量；四是载体的粒度大小难于控制，很难得到所希望的均匀颗粒，同时颗粒上的孔径分布也难于达到与高表面积的统一，即达不到工业上用作乙酸生产的催化剂的理想性能要求。

3.3 关键专利与乙二醇技术的发展

专利是记载煤制乙二醇技术发展的重要载体，本节通过对该领域中外专利申请进行归类、整理，筛选出技术发展历程中的重要专利，以便本领域研究人员从中发现技术发展脉络、预测技术发展方向。图 3-4 显示了煤制乙二醇领域九种合成方法的总体发展过程。

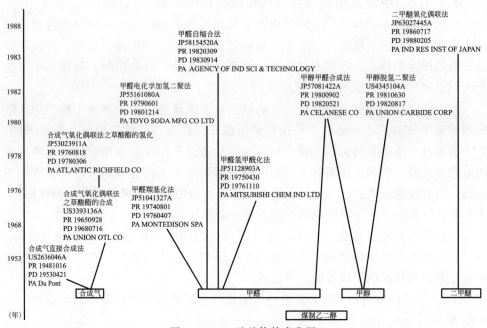

图 3-4　乙二醇总体技术发展

以下按照技术出现的时间顺序分别就各种合成路线进行详细分析。

3.3.1 合成气直接合成法技术发展

从理论上讲，由合成气直接一步合成乙二醇是最简单、最有效的方法，反应原理如下：

$$2CO + 3H_2 \longrightarrow HOCH_2CH_2OH$$

　　根据所用催化剂的不同，可将前述检索到的涉及合成气直接合成法的中外专利申请分为 Co 基催化剂、Rh 基催化剂、Pd 基催化剂、Ru 基催化剂、Cu 基催化剂、Ir 基催化剂六类。图 3-5 和表 3-1 分别显示了该技术的发展历程和各节点专利申请的基本著录信息以及技术改进点，其中 US2636046A 和 US3833634A 均未被收录入 WPI 数据库，所以在前述的"煤制乙二醇全球专利分析"部分没有涉及这两项专利申请。

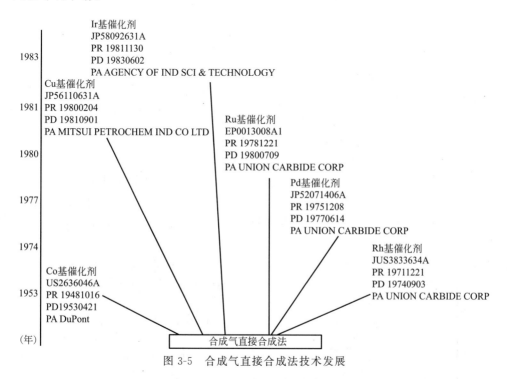

图 3-5　合成气直接合成法技术发展

表 3-1　合成气直接合成法重点专利申请基本信息

公开号	发明名称	申请人	申请日①	公开日	技术改进点
US2636046A	多功能化合物的制备方法	杜邦公司[美国]	1948-10-16	1953-04-21	Co 基催化剂 有机羧酸钴盐
US3833634A	多功能化合物的生产方法	联合碳化公司[美国]	1971-12-21	1974-09-03	Rh 基催化剂 Rh-羰基配合物，负载于多孔载体上
JP52071406A	用钯催化剂由合成气制备羟基化合物的方法	联合碳化公司[美国]	1976-12-07	1977-06-14	Pd 基催化剂 2%～5% Pd 负载于硅胶上
EP0013008A1	制备醇的方法	联合碳化公司[美国]	1978-12-21	1980-07-09	Ru 基催化剂 含 Ru-羰基配合物的均相液相催化剂

续表

公开号	发明名称	申请人	申请日①	公开日	技术改进点
JP56110631A	含氧有机物的合成	三井石油化学工业株式会社〔日本〕	1980-02-04	1981-09-01	Cu 基催化剂以 Cu 化合物和碱金属卤化物作催化剂
JP58092631A	含氧低级烃的制备	日本产业技术综合研究所〔日本〕	1981-11-30	1983-06-02	Ir 基催化剂催化剂含 Ir-羰基化合物和三价有机磷化合物

① 存在优先权的为最早优先权日，下同。

3.3.2 合成气氧化偶联法技术发展

该技术主要利用醇类与氮氧化物反应生成亚硝酸酯，然后，一氧化碳与亚硝酸酯氧化偶联得到草酸酯，草酸酯再经催化加氢生成乙二醇，反应原理如下：

$$2CO+2RONO \longrightarrow RCOOCCOOR+2NO$$

$$ROOCCOOR+4H_2 \longrightarrow HOCH_2CH_2OH+2ROH$$

$$4NO+O_2+4ROH \longrightarrow 4RONO+2H_2O$$

总反应式：$4CO+8H_2+O_2 \longrightarrow 2HOCH_2CH_2OH+2H_2O$

图 3-6 显示了该技术的发展历程。根据合成阶段的不同，可将前述检索到的涉及合成气氧化偶联法的中外专利申请分为草酸酯合成和草酸酯氢化两类。

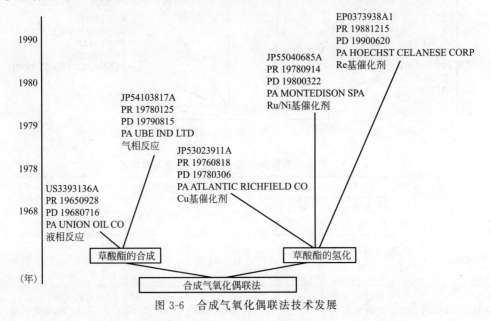

图 3-6　合成气氧化偶联法技术发展

3.3.2.1 草酸酯的合成

根据反应物理状态的不同，可将前述检索到的涉及草酸酯合成的中外专利申请分为液相合成草酸酯和气相合成草酸酯两类。

（1）液相合成草酸酯 合成气氧化偶联法之草酸酯液相合成技术发展如图 3-7 所示。

① 由醇制备草酸酯

a. US3393136A，发明名称为草酸酯的制备，申请人为美国的友联石油公司（UNION OIL CO，CPY：UNOC），申请日为 1965 年 9 月 28 日，公开日为 1968 年 7 月 16 日，由于其未被收录入 WPI 数据库，所以在前述的"煤制乙二醇全球专利分析"部分没有涉及该项专利申请。

该专利的技术方案是由醇与一氧化碳直接反应制备草酸酯，反应原理如下：

$$4CO + O_2 + 4ROH \longrightarrow 2ROOCCOOR + 2H_2O$$

将基本无水的醇反应介质导入反应区，所述醇反应介质包括 $C_1 \sim C_2$ 饱和一元醇（如乙醇）、0.001%～2%（质量分数）铂族金属（如 Pd）、0.05%～5%（质量分数）选自可溶铜盐和铁盐的还原性盐（如三氯化铁或氯化铜），并向上述醇反应介质中导入一氧化碳和氧气，以维持所述还原性盐的高价态。反应条件为 30～300℃、5～700atm（1atm=101325Pa），调节氧气的通入速度以使气体中氧气含量为 1%～10%。

b. 在 US3393136A 的基础上，日本的宇部兴产株式会社对该方法进行改进：JP53015313A，发明名称为二烷基草酸酯的制备方法，申请人为日本的宇部兴产株式会社，申请日为 1976 年 7 月 27 日，公开日为 1978 年 2 月 13 日。

相对于 US3393136A 而言，该专利的改进之处在于向由醇和一氧化碳组成的反应体系中加入一种或多种选自硝酸和氮氧化物如 NO_2 的促进剂，从而使得草酸酯的生成反应可在有水条件下进行。

c. 20 世纪 80 年代，美国的雪佛隆公司和大西洋里奇菲尔德公司又先后对该方法所用催化剂进行一系列的改性。表 3-2 显示了各节点专利申请的基本著录信息以及技术改进点。

表 3-2 合成气氧化偶联法之草酸酯液相合成重点专利申请基本信息

公开号	发明名称	申请人	申请日	公开日	技术改进点
JP59005144A	二烷基草酸酯的生产	雪佛隆公司[美国]	1982-06-15	1984-01-12	非均相催化剂，Pd-Tl 负载于碳上
US4447638A	醇在非均相 Pd-V-P-Ti 催化剂体系中氧化羰基化制备二烷基草酸酯的方法	大西洋里奇菲尔德公司[美国]	1982-08-02	1984-05-08	非均相催化剂，含 Pd 金属/盐、和含 V-P-Ti 结晶化合物
US4447639A	非均相铁促进的 Pd-V-P 催化剂催化下的醇氧化羰基制备二烷基草酸酯的方法	大西洋里奇菲尔德公司[美国]	1982-08-06	1984-05-08	非均相催化剂，含 Pd 金属/盐和含 V-P-Fe 结晶化合物
US4451666A	非均相锰促进的 Pd-V-P 催化剂催化下的醇氧化羰基制备草酸酯的方法	大西洋里奇菲尔德公司[美国]	1982-08-06	1984-05-29	非均相催化剂，含 Pd 金属/盐和含 V-P-Mn 结晶化合物

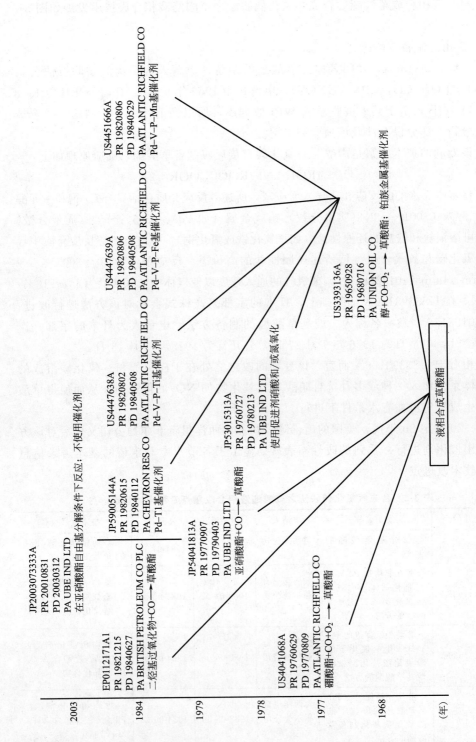

图3-7　合成气氧化偶联法之草酸酯液相合成技术发展

② 由硼酸酯制备草酸酯　US4041068A，发明名称为通过硼酸酯的催化氧化羰基化合成草酸酯，申请人为美国的大西洋里奇菲尔德公司，申请日为 1976 年 6 月 29 日，公开日为 1977 年 8 月 9 日。

该专利的技术方案是在基本无水的条件下，在金属盐催化剂、胺碱和至少一种催化量醇的存在下，用一氧化碳和氧气催化氧化羰基化邻硼酸酯如三甲基硼酸酯而制备草酸酯，反应原理如下：

$$2B(OR)_3 + 4CO + O_2 \longrightarrow 2ROOCCOOR + 2/x(ROBO)_x$$

反应条件为 50～200℃、500～3000psi（1psi＝6894.76Pa，下同）。所述金属盐选自 Pd、Pt 或 Rh 的卤化物、草酸盐、硫酸盐或醋酸盐，如碘化钯；所述胺碱为脂肪胺、环脂肪胺、芳香胺或杂环胺，如三乙胺；所述醇为单羟基脂肪醇、脂环醇或芳香醇，如甲醇。另外，可向反应物料中加入 Cu（Ⅱ）或 Fe（Ⅲ）的含氧盐以及铵盐（如三乙基硫酸铵），所述的含氧盐为草酸盐、硫酸盐、醋酸盐或三氟乙酸盐，如硫酸铜或硫酸铁；还可向反应中加入共催化量的选自烷基、芳基、卤素取代的膦、胂、睇、碘化物的有机单（或多）齿配体或共作用配合物，如碘化锂。该方法使得生成草酸酯的同时不会共生水或碳酸酯副产物。

③ 由亚硝酸酯制备草酸酯

a.JP54041813A，发明名称为草酸二酯的制备，申请人为日本的宇部兴产株式会社，申请日为 1977 年 9 月 7 日，公开日为 1979 年 4 月 3 日。

该专利的技术方案是以一氧化碳和亚硝酸酯为原料液相合成草酸酯，如有需要，可通入含氧气体，其中，所述亚硝酸酯为 $C_1 \sim C_{20}$ 饱和单（或双）羟基脂肪醇（如甲醇）、环脂醇（如环己醇）或芳基醇（如苄醇）与亚硝酸形成的酯。该方法解决了前述草酸酯合成中的腐蚀问题，提高了产物草酸酯的选择性和时空产率，使得该技术得以工业化。

b. 之后，宇部兴产株式会社继续对该方法进行改进，并研发出在不使用催化剂的情况下由一氧化碳和亚硝酸酯合成草酸酯的新工艺：JP2003073333A，发明名称为制备碳酸酯和草酸酯的方法，申请人为日本的宇部兴产株式会社，申请日为 2001 年 8 月 31 日，公开日为 2003 年 3 月 12 日。

相对于 JP54041813A 而言，该专利的改进之处在于通过将反应置于亚硝酸酯自由基分解的条件下进行，而使得亚硝酸酯与一氧化碳的反应无需再使用如贵金属基的催化剂，进而省去一些复杂的操作步骤如催化剂的分离、回收或再生。

④ 由二烃基过氧化物制备草酸酯　EP0112171A1，发明名称为二烃基草酸酯的制备方法，申请人为英国的英国石油（BRITISH PETROLEUM CO PLC，CPY：BRPE），申请日为 1982 年 12 月 15 日，公开日为 1984 年 6 月 27 日。

该专利的技术方案是在基本无水的状态下，二烃基过氧化物如二叔丁基过氧化物与一氧化碳反应制备二烃基草酸酯，反应原理如下：

$$R-O-O-R + 2CO \longrightarrow ROOCCOOR$$

该反应在铂族金属-Cu基催化剂和可选的杂环芳香氮化合物促进剂如吡啶的存在下进行，避免使用 O_2 和 NO，同时避免 NO 和副产物水的生成，从而降低发生爆炸的危险。

（2）气相合成草酸酯　JP54103817A，发明名称为草酸酯的连续制备，申请人为日本的宇部兴产株式会社，申请日为 1978 年 1 月 30 日，公开日为 1979 年 8 月 15 日。

该专利的技术方案是以一氧化碳和亚硝酸酯为原料气相合成草酸酯：将含一氧化碳和亚硝酸酯的混合气体导入填充有固体 Pd 基催化剂的反应器 1，气相中进行催化反应以制备含草酸酯的反应产物；在冷凝器 2 中冷却产物，然后，在分离器中将气相和液相分离；取出含草酸酯的冷凝物，将含 NO 的未冷凝气体送入反应器 4，在此，NO 与氧气和醇反应得亚硝酸酯，随后将生成的亚硝酸酯气相循环回反应器 1。

合成气氧化偶联法之草酸酯气相合成技术发展如图 3-8 所示。

此后，研发人员分别在工艺和催化剂两方面对该方法进行改进。

① 工艺改进　在 JP54103817A 的基础上，美国的联合碳化公司和日本的宇部兴产株式会社分别对草酸酯的气相合成工艺进行研究，表 3-3 显示了各节点专利的基本著录信息。

表 3-3　合成气氧化偶联法之草酸酯气相合成工艺重点专利申请基本信息

公开号	发明名称	申请人	申请日	公开日
EP0057629A1	气相制备草酸二酯的方法	联合碳化公司[美国]	1981-01-23	1982-08-11
JP2004091484A	制备二烷基草酸酯的方法	宇部兴产株式会社[日本]	2002-08-13	2004-03-25
JP2004107336A	制备二烷基草酸酯的方法	宇部兴产株式会社[日本]	2002-08-30	2004-04-08

a. 相对于 JP54103817A 而言，EP0057629A1 的改进之处在于以 NO、醇和 CO 为原料，经过两步反应制备草酸酯：首先以 NO 和醇为原料制备亚硝酸酯；然后用生成的亚硝酸酯与 CO 反应制备终产物草酸酯。该方法使得副产物的生成最小化，进而提高反应效率。

b. 相对于 JP54103817A 而言，JP2004091484A 的改进之处在于萃取来自亚硝酸烷基酯再生器底部的、含有硝酸和醇的底部料流；在 Pt 基催化剂催化下，使上述料流与 CO 反应，以转化硝酸制备亚硝酸烷基酯；将该含亚硝酸烷基酯的气态产物送回至亚硝酸烷基酯再生器。该方法抑制作为亚硝酸烷基酯来源的氮元素的损耗，特别是抑制由 NO 制备亚硝酸烷基酯时副产硝酸所引起的损耗。

c. 相对于 JP54103817A 而言，JP2004107336A 的改进之处在于萃取来自亚硝酸烷基酯再生器底部的、含有硝酸和醇的底部料流；使上述料流与 NO 反应，以转化硝酸制备亚硝酸烷基酯；将该含亚硝酸烷基酯的气态产物送回至亚硝酸烷基酯再生器。该方法抑制作为亚硝酸烷基酯来源的氮元素的损耗，特别是抑制由

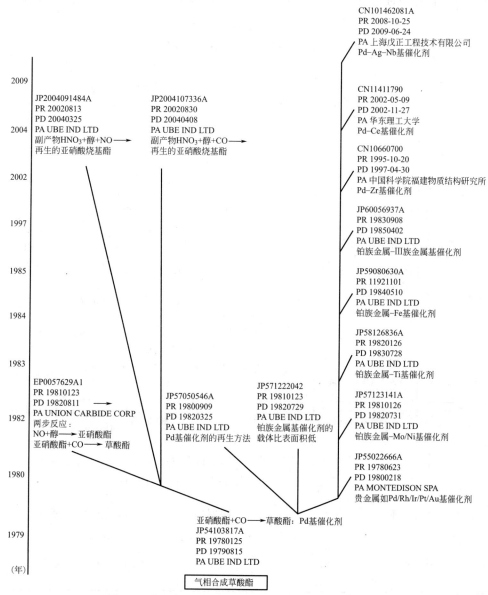

图 3-8　合成气氧化偶联法之草酸酯气相合成技术发展

NO 制备亚硝酸烷基酯时副产硝酸所引起的损耗。

　　另外，日本宇部兴产株式会社的两项专利申请 JP2004091484A 和 JP2004107336A 表明与其他曾经进入煤制乙二醇领域的国外公司已经撤出该领域不同，宇部兴产株式会社至今仍然涉足该领域。实际上，宇部兴产株式会社已经拥有一套 6000t/a 的中试装置，只是还未进行下一步的工业化。

　　② 催化剂改进　在 JP54103817A 的基础上，国内外的科研工作者对草酸酯气

相合成的催化剂进行改性研究。表 3-4 显示了各节点专利的基本著录信息以及技术改进点。

表 3-4　合成气氧化偶联法之草酸酯气相合成催化剂重点专利申请基本信息

公开号	发明名称	申请人	申请日	公开日	技术改进点
JP55022666A	草酸酯的生产	蒙特爱迪生公司[意大利]	1978-06-23	1980-02-18	贵金属(Pd、Rh、Ir、Pt或Au)基催化剂;Fe或Cu共催化;原料亚硝酸烷基酯中烷基优选含1~3个碳原子
JP57050546A	合成草酸二酯催化剂的再生方法	宇部兴产株式会社[日本]	1980-09-09	1982-03-25	在含氧气流中加热(250~500℃)低活性Pd基催化剂以使其再生
JP57122042A	草酸酯的制备	宇部兴产株式会社[日本]	1981-01-23	1982-07-29	负载于特殊载体上的铂族金属基催化剂,载体氧化铝的比表面积≤90m²/g
JP57123141A	草酸二酯的制备	宇部兴产株式会社[日本]	1981-01-26	1982-07-31	铂族金属-Mo/Ni基固体催化剂
JP58126836A	草酸酯的制备	宇部兴产株式会社[日本]	1982-01-26	1983-07-28	铂族金属-Ti基催化剂
JP59080630A	草酸二酯的制备	宇部兴产株式会社[日本]	1982-11-01	1984-05-10	铂族金属-Fe基催化剂
JP60056937A	草酸二酯的制备	宇部兴产株式会社[日本]	1983-09-08	1985-04-02	铂族金属-Ⅲ族金属基固体催化剂
CN1066070C	草酸酯合成催化剂	中科院福建物构所[中国]	1995-10-20	1997-04-30	Pd-Zr基催化剂
CN1141179C	气相合成草酸酯的催化剂及其制备方法	华东理工大学[中国]	2002-05-09	2002-11-27	Pd-Ce基催化剂
CN101462081A	一种用于合成草酸二甲酯的催化剂制备方法	上海戊正工程技术有限公司[中国]	2008-10-25	2009-06-24	Pd-Ag-Nb基催化剂

3.3.2.2　草酸酯的氢化

合成气氧化偶联法之草酸酯氢化技术发展如图 3-9 所示。

草酸酯的加氢过程较为复杂,草酸酯首先氢化生成中间产物乙醇酸酯,乙醇酸酯再继续氢化得目标产物乙二醇,而产物乙二醇还可以继续氢化生成副产物乙醇。所以,草酸酯的加氢过程既需要满足原料草酸酯的还原,又需要避免目标产物乙二醇的深度加氢。此时,合适催化剂的选择对于提高目标产物乙二醇的产率、降低副产物乙醇酸酯和/或乙醇的生成具有至关重要的意义。

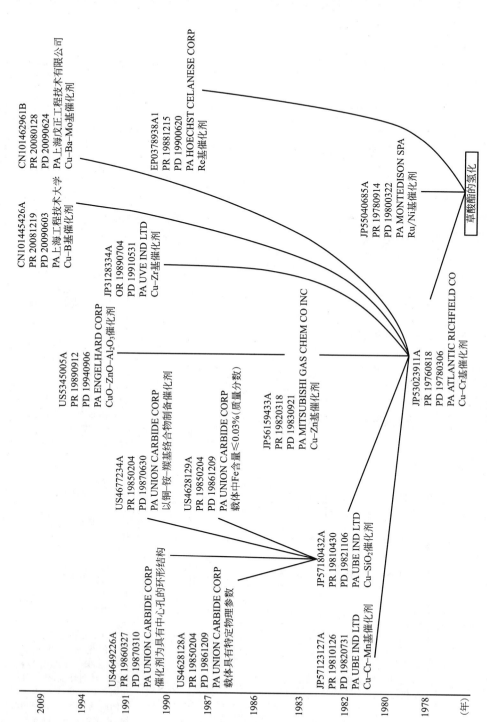

图3-9　合成气氧化偶联法之草酸酯氢化技术发展

根据催化剂的不同,可将前述检索到的涉及草酸酯氢化的中外专利申请分为Cu 基催化剂、Ru/Ni 基催化剂、Re 基催化剂三类。

(1) Cu 基催化剂

① JP53023911A,发明名称为制备乙二醇的方法,申请人为美国的大西洋里奇菲尔德公司,申请日为 1976 年 8 月 18 日,公开日为 1978 年 3 月 6 日。

该专利的技术方案是在 Cu-Cr 基催化剂的催化下,草酸酯和氢气的混合气体气相反应制备乙二醇,反应条件为 $150 \sim 300 \, ℃$、$1.05 \sim 70 \, kgf/cm^2$ 绝对压力、$3000 \sim 20000 \, h^{-1}$ 时空速率、$0.001 \sim 5h^{-1}$ LHSV。

② 在 JP53023911A 的基础上,国内外科研工作者对草酸酯氢化的 Cu 基催化剂进行改性研究。表 3-5 显示了各节点专利的基本著录信息以及技术改进点。

表 3-5 合成气氧化偶联法之草酸酯氢化重点专利申请基本信息

公开号	发明名称	申请人	申请日	公开日	技术改进点
JP57123127A	乙二醇的制备	宇部兴产株式会社[日本]	1981-01-26	1982-07-31	Cu-Cr-Mn 基催化剂,气相/液相反应
JP57180432A	制备乙二醇和/或乙醇酸酯的方法、催化剂及其制备方法	宇部兴产株式会社[日本]	1981-04-30	1982-11-06	还原 Cu-SiO$_2$ 催化剂,避免含 Cr 催化剂的毒性和污染问题
JP58159433A	乙二醇的制备	三菱瓦斯化学株式会社[日本]	1982-03-18	1983-09-21	Cu-Zn 基催化剂,液相/气相反应
US4628128A	催化氢化制备乙二醇的方法	联合碳化公司[美国]	1985-02-04	1986-12-09	Cu-SiO$_2$ 催化剂,气相反应,通过对平均孔径和孔体积等物理参数进行优化而使载体的相对活性指数≥1
US4628129A	制备乙二醇的方法	联合碳化公司[美国]	1985-02-04	1986-12-09	Cu-SiO$_2$ 催化剂,气相反应,对载体进行预处理,使其 Fe 含量 ≤ 0.03%(质量分数)
US4677234A	制备乙二醇的方法	联合碳化公司[美国]	1985-02-04	1987-06-30	Cu-SiO$_2$ 催化剂,气相反应,通过铜-铵-羰基配合物与载体接触,并将具催化活性的铜基还原为活化铜制备催化剂
US4649226A	烷基草酸酯的氢化	联合碳化公司[美国]	1986-03-27	1987-03-10	具有中心孔的环形 Cu-SiO$_2$ 催化剂,孔中具有 10%~60%(质量分数)的柔性玻璃纤维,致使催化剂粉碎强度大幅提高的同时活性不致下降很快,并减少了压力降和扩散问题

公开号	发明名称	申请人	申请日	公开日	技术改进点
JP3128334A	醇的制备	宇部兴产株式会社[日本]	1989-07-04	1991-05-31	Cu-Zr 基催化剂
US5345005A	氢化催化剂及其制备方法和所述催化剂的用途	英格尔哈德公司[美国]	1989-09-12	1994-09-06	CuO-ZnO-Al$_2$O$_3$ 粉末状氢化催化剂，液相/气相反应，催化剂主要含 CuO 和 ZnO，并含少量 Al$_2$O$_3$
CN101445426A	草酸二甲酯加氢制乙二醇的方法	上海工程技术大学[中国]	2008-12-19	2009-06-03	Cu-B 基催化剂，气相反应
CN101462961B	一种生产乙二醇并联产碳酸二甲酯的工艺流程	上海戊正工程技术有限公司[中国]	2008-01-28	2009-06-24	Cu-Ba-Mo 基催化剂，气相反应

（2）Ru/Ni 基催化剂　JP55040685A，发明名称为草酸酯的催化氢化，申请人为意大利的蒙特爱迪生公司，申请日为 1978 年 9 月 14 日，公开日为 1980 年 3 月 22 日。

该专利的技术方案是在 Ru 或 Ni 基催化剂的催化下，用氢气氢化草酸酯。该反应可液相或气相进行，反应条件为≤250℃。当反应温度偏低时，氢化反应倾向于生成乙醇酸酯；当反应温度偏高时，氢化反应倾向于生成乙二醇；当反应温度适中，即 130～150℃时，上述两种产物均有生成。

（3）Re 基催化剂　EP0373938A1，发明名称为用于醛、缩醛和酯的氢化和氢解的抗甲醛催化剂，申请人为美国的赫斯特-塞拉尼斯公司（HOECHST CELAN-ESE CORP，CPY：FARH），申请日为 1988 年 12 月 15 日，公开日为 1993 年 5 月 11 日。

该专利的技术方案是提供一种抗甲醛的 Re 基催化剂，如负载于碳上的氧化铼，可在反应介质中存在作为反应物或杂质的甲醛时将羰基、缩醛和酯催化氢化成为醇。

3.3.3　甲醛羰基化法技术发展

该技术以甲醛、一氧化碳和水为初始原料，通过中间体乙醇酸（酯）制备终产物乙二醇，反应原理如下：

$$HCHO + CO + H_2O \longrightarrow HOCH_2COOH$$
$$HOCH_2COOH + ROH \longrightarrow HOCH_2COOR + H_2O$$
$$HOCH_2COOR + H_2 \longrightarrow HOCH_2CH_2OH + ROH$$

其中，第二步的酯化反应可以省略，而由乙醇酸直接氢化制备乙二醇。图 3-10 显示了该技术的发展历程。

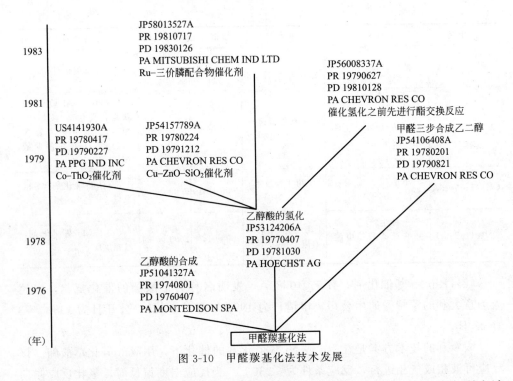

图 3-10 甲醛羰基化法技术发展

　　根据合成阶段的不同，可将前述检索到的涉及甲醛羰基化法的中外专利申请分为乙醇酸（酯）的合成、乙醇酸（酯）的氢化、全合成技术三类。

3.3.3.1 乙醇酸（酯）的合成

　　JP51041327A，发明名称为制备乙醇酸和其聚合物的方法，申请人是意大利的蒙特爱迪生公司，申请日为 1974 年 8 月 1 日，公开日是 1976 年 4 月 7 日。

　　该专利的技术方案是在 Cu（Ⅰ）基或 Ag 基催化剂和硫酸的存在下，使甲醛与一氧化碳反应制备乙醇酸，反应条件为 0～90℃、0.1～30atm。其中，所用硫酸优选浓度为 50%～100%（质量分数）的硫酸；当使用 Cu（Ⅰ）基催化剂时，反应温度优选 20～60℃，当使用 Ag 基催化剂时，反应温度优选 20～80℃。

3.3.3.2 乙醇酸（酯）的氢化

　　JP53124206A，发明名称为乙二醇的制备方法，申请人是德国的赫斯特公司（HOECHST AG，CPY：FARH），申请日为 1977 年 4 月 7 日，公开日是 1978 年 10 月 30 日。

　　该专利的技术方案是由乙醇酸液相氢化制备乙二醇的方法以及相应的催化剂及其制备方法，所用催化剂包括Ⅷ族的铂系元素（如 Ru、Pd、Pt）的单质和/或化合物与ⅦB族元素（如 Re）或者ⅠB族元素（如 Au 或 Ag）的单质和/或化合物的混合物，催化剂载体为二价金属如 Mg、Ca、Ni、Co、Zn、Cd、Sr、Mn 的硅乙酸盐，反应条件为 50～300℃、50～500bar。

（1）催化剂改进　在 JP53124206A 之后，乙醇酸（酯）制乙二醇技术的催化剂发展中又先后出现了 3 项节点性专利申请，表 3-6 显示了它们的基本著录信息及技术改进点。

表 3-6　甲醛羰基化法重点专利申请基本信息

公开号	发明名称	申请人	申请日	公开日	技术改进点
JP54157789A	催化剂组合物	雪佛隆公司［美国］	1978-02-24	1979-12-12	Cu-ZnO-SiO₂
US4141930A	乙醇酸的氢化	PPG 工业公司［美国］	1978-04-17	1979-02-27	Co-ThO₂ 基
JP58013527A	乙二醇的制备	三菱瓦斯化学株式会社［日本］	1981-07-17	1983-01-26	Ru-三价膦配合物

（2）工艺改进　JP56008337A，发明名称为延长酯氢化催化剂寿命的方法，申请人为美国的雪佛隆公司，申请日为 1979 年 6 月 27 日，公开日为 1981 年 1 月 28 日。

该专利的技术方案改进点在于通过与甲醇进行酯交换反应而将待氢化的乙醇酸酯混合物中聚乙醇酸酯的含量降至 22％以下（基于酯的总量计），进而延长氢化反应催化剂如 Cu-ZnO-SiO₂ 催化剂的使用寿命，酯交换反应条件为 300～525℃、250％～400％（摩尔分数）醇用量（基于聚乙醇酸酯的量计）、20～90min。

3.3.3.3　全合成技术

JP54106408A，发明名称为乙二醇的生产方法，申请人为美国的雪佛隆公司，申请日为 1978 年 2 月 10 日，公开日为 1979 年 8 月 21 日。

该专利的技术方案是一种以甲醛为原料，通过三步反应制备乙二醇的方法：第一阶段为在水和催化剂氢氟酸的存在下，使甲醛与合成气液相接触制备乙醇酸，此时，合成气中的一氧化碳参与反应，该步骤反应条件为 0～100℃、10～4000psig；第二阶段为使得到的乙醇酸与乙二醇接触制备乙二醇乙醇酸酯，该步骤反应条件为 150～250℃、1～100psig；第三阶段为移除合成气中残留的一氧化碳得到富氢气体，然后用其还原第二阶段得到的乙二醇乙醇酸酯以制备产物乙二醇，该步骤反应条件为 150～300℃、500～5000psig。反应结束后，将一部分产物乙二醇返回至乙醇酸酯化步骤，使其足以酯化第二阶段反应区中全部的乙醇酸。

3.3.4　甲醛氢甲酰化法技术发展

该技术以甲醛、合成气为初始原料，通过中间体乙醇醛制备终产物乙二醇，反应原理如下：

$$HCHO+CO+H_2 \longrightarrow HOCH_2CHO$$
$$HOCH_2CHO+H_2 \longrightarrow HOCH_2CH_2OH$$

图 3-11 显示了该技术的发展历程。

根据合成步骤的多少，可将前述检索到的涉及甲醛氢甲酰化法的中外专利申请分为一步合成和两步合成两类。

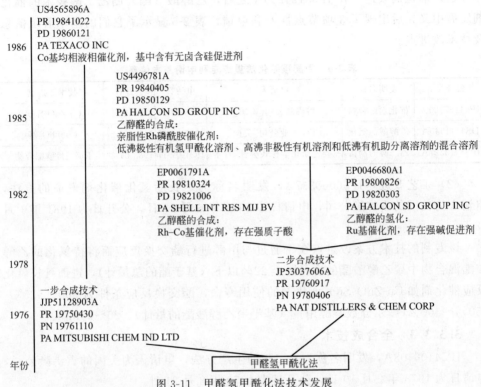

图 3-11　甲醛氢甲酰化法技术发展

3.3.4.1　一步合成技术

① JP51128903A，发明名称为乙醇醛的制备方法，申请人为日本的三菱瓦斯化学株式会社，申请日为 1975 年 4 月 30 日，公开日为 1976 年 11 月 10 日。

该专利的技术方案是在含三价磷、砷或锑的 Co 基催化剂的存在下，由甲醛、一氧化碳和氢气一步合成乙二醇的方法，其中，所述催化剂可为 HCo（CO₃）（R₃P）、Co₂（CO）₆（R₃P）₂ 等，R 为烷基或芳基，原料一氧化碳与氢气的摩尔比优选 1∶10～10∶1，反应条件为 100～250℃、10～1000atm。

② US4565896A，发明名称为由合成气低压合成乙二醇的方法，申请人为美国的德士古公司，申请日为 1984 年 10 月 22 日，公开日为 1986 年 1 月 21 日。

相对于 JP51128903A 而言，该专利的改进之处在于采用含有效含量 Co 化合物和无卤含硅促进剂的均相液相催化剂，其中，所述的无卤含硅促进剂每分子含有至少一个硅碳键，例如三乙基硅烷和三苯基硅烷。

3.3.4.2　两步合成技术

① JP53037606A，发明名称为乙二醇的制备方法，申请人为美国的 NAT DISTILLERS & CHEM CORP（中文名称暂无，CPY：NADI），申请日为 1976 年 9 月 17 日，公开日为 1978 年 4 月 6 日。

　　该专利的技术方案是以甲醛、一氧化碳和氢气为原料经两步合成乙二醇的方法：首先，甲醛、一氧化碳和氢气反应生成中间体乙醇醛；然后，将乙醇醛氢化制备乙二醇。其中，合成乙醇醛的反应以 Rh 基催化剂如二羰基乙酰丙酮基 Rh 催化，以非质子有机酰胺如 N-甲基吡咯烷酮或 N,N-二乙基乙酰胺为反应溶剂，反应条件为 100～175℃、250～400atm；随后的乙醇醛氢化反应可用上述的 Rh 基催化剂催化，也可用其他氢化金属催化剂如 Pd 基或 Ni 基催化剂，反应在质子酸如乙酸的存在下进行。

　　② 在 JP53037606A 之后，两步合成法的技术发展中又先后出现了 3 项节点性专利申请，分别是 EP0061791A、EP0046680A 和 US4496781A。表 3-7 显示了各节点专利的基本著录信息以及技术改进点。

表 3-7　甲醛氢甲酰化法重点专利申请基本信息

公开号	发明名称	申请人	申请日	公开日	技术改进点
EP0046680A1	改进的乙醇醛催化氢化方法以制备乙二醇	哈尔康斯迪集团公司[美国]	1980-08-26	1982-03-03	乙醇醛的氢化：Ru 基催化剂，存在碱性强于乙醇醛的强碱促进剂，如ⅠA族或ⅡA族金属的羧酸盐
EP0061791A1	制备乙醇醛的方法	国际壳牌研究有限公司[荷兰]	1981-03-24	1982-10-06	乙醇醛的合成：Rh-Co 基催化剂，存在强质子酸如氢卤酸、硫酸、高氯酸、有机磺酸、具有至少一个吸电子取代基的烷基酸、强酸性离子交换树脂
US4496781A	通过乙醇醛的氢化制备乙二醇的方法	哈尔康斯迪集团公司[美国]	1984-04-05	1985-01-29	乙醇醛的合成：亲脂性 Rh 磷酰胺催化剂，能够有效分离、回收催化剂的混合溶剂，所述混合溶剂包括：①低沸极性有机氢甲酰化溶剂；②高沸非极性有机溶剂；③低沸有机助分离溶剂

3.3.5　甲醛电化学加氢二聚法技术发展

　　该技术通过电化学反应的方式使甲醛生成乙二醇，反应原理如下：

$$2HCHO + 2H^+ + 2e \longrightarrow HOCH_2CH_2OH$$

前述检索到的中外专利申请中共有 2 项涉及该技术。

　　① JP55161080A，发明名称为乙二醇的生产方法，申请人为日本的东洋曹达工业株式会社（TOYO SODA MFG CO LTD，CPY：TOYJ），申请日为 1979 年 6 月 1 日，公开日为 1980 年 12 月 15 日。

该专利的技术方案是一种电解甲醛制备乙二醇的方法：以碳型电极作阴极，以碱性溶液如碱金属氢氧化物溶液、碱金属碳酸盐溶液、碱金属磷酸盐溶液或氨水作电解质，优选氢氧化钠、氢氧化钾、钠盐、钾盐。

② US4950368A，发明名称为成对电化学合成同时制备乙二醇的方法，申请人为美国的电合成有限公司（ELECTROSYNTHESIS CO，CPY：ELEC-N）和SKA ASSOCIATES（中文名称暂无，CPY：SKAA-N），申请日为 1989 年 4 月 10 日，公开日为 1990 年 8 月 21 日。

该专利的技术方案是一种成对电化学合成反应，包括（a）～（e）五个步骤：步骤（a）为在膜分隔电化学电池中，电化学还原含电解液的甲醛以形成乙二醇；步骤（b）为提供一种含有具高低价态离子的阳极液的可再生还原剂，选自 $Cr_2O_7^{2-}/Cr^{3+}$、Ce^{4+}/Ce^{3+}、Co^{3+}/Co^{2+}、Ru^{6+}/Ru^{4+}、Mn^{3+}/Mn^{2+}、Fe^{3+}/Fe^{2+}、Pb^{4+}/Pb^{2+}、VO_2^+/VO^{2+}、Ag^{2+}/Ag^+、Tl^{3+}/Tl^+ 或它们的混合物；步骤（c）为在电池的阳极上电化学氧化所述还原剂中的低价态离子，使之变为高价的氧化态，同时在电池的阴极形成乙二醇，其电流效率为至少 70%；步骤（d）为使所述的含有高价态离子的阳极液与如苯、萘等的可氧化芳香化合物发生化学反应、消耗所述还原剂，该反应在电池外部的反应区进行，并在将消耗掉的还原剂送回阳极室再生之前分离除去生成的有机化合物；步骤（e）为在阳极再生该消耗掉的还原剂。其中，电池中所用的膜为氟化离子交换膜；向阳极液中加入强酸，使之 pH 达 1 以下，以阻止所述的可再生还原剂透过膜而从阳极室进入阴极室；向阴极液中加入金属离子络合剂 EDTA 或 NTA，或具有氧化稳定性的酸，以维持阴极液的 pH 在 5～8。

3.3.6 甲醇甲醛合成法技术发展

该技术通过自由基反应得以实现，反应原理如下：

$$CH_3OH \longrightarrow \cdot CH_2OH$$
$$\cdot CH_2OH + CH_2O \longrightarrow HOCH_2CH_2O \cdot$$
$$HOCH_2CH_2O \cdot + CH_3OH \longrightarrow HOCH_2CH_2OH + \cdot CH_2OH$$

根据自由基引发剂的不同，可将前述检索到的涉及甲醇甲醛合成法的中外专利申请分为以下三类。

（1）有机过氧化物引发自由基反应　JP57081422A，发明名称为甲醇、有机过氧化物和甲醛反应制备乙二醇的方法，申请人为美国的氧化还原反应制剂有限公司（REDOX TECHN INC，CPY：REDO-N），申请日为 1980 年 9 月 2 日，公开日为 1982 年 5 月 21 日。

该专利的技术方案是在水的存在下，甲醇、甲醛和有机过氧化物 R—O—O—R^1（R 和 R^1 为 C_3～C_{12} 烷基或芳基）反应生成乙二醇，反应条件为 100～200℃、0.25～8h，基于反应初始物料的总量计，有机过氧化物的用量至多为 6%（质量分数)、水的用量为 0.5%～35%(质量分数)。

(2) UV 引发自由基反应 JP59199643A，发明名称为乙二醇的制备方法，申请人为日本的触媒化学工业株式会社 (NIPPON SHOKUBAI KAGAKU KOGYO CO LTD，CPY：JAPC)，申请日为 1983 年 4 月 26 日，公开日为 1984 年 11 月 12 日。

该专利的技术方案是用紫外线照射甲醇和甲醛的混合物，激发反应生成乙二醇。该方法通过向反应物中加入如氢氧化钠、碳酸钾等的碱性物质而安全、经济地制备乙二醇、避免危险有机过氧化物的使用。其中，所述碱性物质的用量为 0.0001～0.02mol/mol 甲醛，甲醇与甲醛的摩尔比为 0.01～100。

(3) 离子放射源引发自由基反应 DD243490A1，发明名称为乙二醇的制备方法，申请人为德国的国营洛伊纳"瓦尔特·乌布里希"化工厂 (VEB LEUNA-WERKE ULBRICHT W，CPY：VELW)，申请日为 1985 年 12 月 17 日，公开日为 1987 年 3 月 4 日。

该专利的技术方案是用离子放射源激发甲醇和甲醛的混合物，反应生成乙二醇。其中，反应于液相中进行，原料混合物中甲醛的含量为 20%～40%，离子放射源为加速电子或伽马射线。

3.3.7 甲醇脱氢二聚法技术发展

该技术也是通过自由基反应得以实现，反应原理如下：

$$CH_3OH \longrightarrow \cdot CH_2OH$$
$$2 \cdot CH_2OH \longrightarrow HOCH_2CH_2OH$$

根据产生 $\cdot CH_2OH$ 的方式不同，可将前述检索到的涉及甲醇脱氢二聚法的中外专利申请分为两类。

(1) 甲醇气相氧化偶联 US4345104A，发明名称为乙二醇的制备方法，申请人为美国的联合碳化公司，申请日为 1981 年 6 月 30 日，公开日为 1982 年 8 月 17 日。

该专利的技术方案是一种甲醇气相氧化偶联制备乙二醇的方法：首先，在第一反应区中，甲醇与氧气发生气相反应生成甲氧基自由基，反应条件为 450～800℃、1～10atm、0.01～30s；然后，将甲氧基自由基引入基本无氧的第二反应区中，在此使之气相氧化偶联生成产物乙二醇，反应条件为 450～800℃、1～10atm、0.01～30s。在该反应过程中，可引入 0.001%～50%(摩尔分数) 的甲醛以提高乙二醇产率。

(2) 光照引发自由基反应

① JP58124724A，发明名称为乙二醇的制备方法，申请人为日本的日本产业技术综合研究所，申请日为 1982 年 1 月 18 日，公开日为 1983 年 7 月 25 日。

该专利的技术方案是在酮化合物和 Rh 配合物催化剂的存在和常温常压条件

下，光照甲醇一步反应生成乙二醇，其中酮的用量为 $1.4 \times 10^{-4} \sim 1 \times 10^{-3}$ mol/mol 甲醇，Rh 配合物催化剂的用量为 $5.0 \times 10^{-2} \sim 1 \times 10^{-3}$ mol/mol 甲醇。

② JP1149743A，发明名称为乙二醇的制备方法，申请人为日本的日本原子力研究所（JAPAN ATOMIC ENERGY RES INST，CPY：JAAT），申请日为 1987 年 12 月 4 日，公开日为 1989 年 6 月 12 日。

该专利的技术方案是在过氧化氢的存在和常温常压条件下，光照甲醇一步反应生成乙二醇。反应过程中过氧化氢光照后产生·OH，进而引发甲醇的自由基二聚反应，避免了有机过氧化物和光催化剂的使用。

③ CN102070407A，发明名称为一种贵金属负载纳米二氧化钛光催化合成乙二醇的方法，申请人为中国的中科院山西煤化所，申请日为 2011 年 1 月 25 日，公开日为 2011 年 5 月 25 日。

该专利的技术方案是在贵金属如 Pt、Au、Pd、Ru、Rh、Ag 负载的纳米 TiO_2 催化剂的存在下，光照 10%～100%（体积分数）的甲醇水溶液一步反应生成乙二醇，其中贵金属的负载量为 0.1%～5%（质量分数）。

3.3.8　甲醛自缩合法技术发展

该技术通过甲醛的自身缩合来制备乙二醇，前述检索到的中外专利申请中共有 2 项涉及该技术。

① JP58154520A，发明名称为乙二醇的制备方法，申请人为日本的日本产业技术综合研究所，申请日为 1982 年 3 月 9 日，公开日为 1983 年 9 月 14 日。

该专利的技术方案是一种由甲醛制备乙二醇的方法，在酮化合物和/或 Rh 基催化剂的存在和常温常压下，光照甲醛水溶液一步反应生成乙二醇，其中酮与甲醛用量的摩尔比为 0～10，Rh 基催化剂与甲醛用量的摩尔比为 0.05～0.001mmol/mol，该反应体系可含有甲醇作为稳定剂。

② EP0468320B1，发明名称为由甲醛制备乙二醇的方法，申请人为德国的巴斯夫公司（BASF AG，CPY：BADI），申请日为 1990 年 7 月 21 日，公开日为 1992 年 1 月 29 日。

该专利的技术方案是一种由甲醛制备乙二醇的方法，分为三个反应步骤：步骤 1 为按照常规方法，使甲醛在碱性介质中发生自缩合反应，生成多羟基化合物的混合物，反应条件为 pH＝8～10、CaO 作催化剂；步骤 2 为催化氢化上述混合物中的羰基和缩醛基，反应条件为 100～150℃、20～200bar（氢气分压）、Ru 或 Ni 基催化剂；步骤 3 为催化氢解该混合物以形成产物多羟基化合物，氢气用量为至少 0.5mol/mol 甲醛，反应条件为 50～300℃、10～600bar（氢气分压）、非均相催化剂优选 CaO；最后，通过蒸馏或萃取蒸馏得到产物乙二醇和丙二醇。

3.3.9 二甲醚氧化偶联法技术发展

该技术的首件专利申请也是检索数据中唯一一件涉及该技术的专利申请 JP63027445A 由日本的工业开发研究所（IND RES INST OF JAPAN，CPY：KOGY）提出，发明名称为由甲醇合成乙二醇的方法，申请日为 1986 年 7 月 17 日，公开日为 1988 年 2 月 5 日。

该技术的反应原理如下：

$$2MeOH \longrightarrow Me{-}O{-}Me + H_2O$$
$$2Me{-}O{-}Me + 1/2O_2 \longrightarrow MeO{-}CH_2CH_2{-}OMe + H_2O$$
$$MeO{-}CH_2CH_2{-}OMe + 2H_2O \longrightarrow HOCH_2CH_2OH + 2MeOH$$
总反应式：$Me{-}O{-}Me + 1/2O_2 \longrightarrow HOCH_2CH_2OH$

其中，甲醇脱水制二甲醚和二甲氧基乙烷制乙二醇均通过已知方法实现；二甲醚制二甲氧基乙烷过程使用特殊催化剂，所述催化剂为选自第ⅣB族金属的氧化物，优选负载于 MgO 的氧化钛，该过程可通过向催化剂中加入少量的碱金属化合物加以改进。

3.3.10 乙二醇技术小结

通过以上的技术分析可以看出，就技术出现的时间顺序而言，煤制乙二醇领域九种合成路线中，以合成气为原料的合成气直接合成法和合成气氧化偶联法发展较早；随后，以甲醛为原料的甲醛羰基化法、甲醛氢甲酰化法、甲醛电化学加氢二聚法和甲醛自缩合法相继出现；而以甲醇为原料的甲醇甲醛合成法、甲醇脱氢二聚法以及以二甲醚为原料的二甲醚氧化偶联法则出现较晚。就技术的发展规模而言，该领域技术研发的重点集中在以合成气为原料的合成气直接合成法和合成气氧化偶联法两条路线上。其中，对合成气直接合成法的研究集中在煤制乙二醇技术的起步阶段即 20 世纪六七十年代。随着合成气氧化偶联法的发展，人们逐步将研发重心转移到相对更具工业化前景的合成气氧化偶联法上。而以甲醛和/或甲醇为原料的其他合成路线则发展相对缓慢，有些如二甲醚氧化偶联法更是昙花一现，人们对这些技术的研究兴趣仅持续了短短几年便逐渐退去。究其原因，如前所述，自 20 世纪 80 年代中后期开始，煤制乙二醇技术逐渐进入发展瓶颈期，工业化进程受阻，加之此时国际油价有所回落，所以，比较而言，业界更倾向于重新转回研究和发展技术相对成熟的石油路线生产乙二醇，进而导致煤制乙二醇技术发展的逐渐停滞。

以下根据技术出现的先后顺序分别对各合成路线的优劣势进行对比。

（1）合成气直接合成法 从原子利用率角度讲，合成气直接合成法是最简单、最有效的制备乙二醇的方法，因为其仅以一氧化碳和氢气为反应原料，通过调整 CO 和 H_2 的用量可以不损失任何原子地制备乙二醇；并且该方法还存在原料来源广泛、价格低廉、工艺流程短等优势。但是，该方法需要在高温高压条件下进行，现有的催化剂也需要在高温下才能显示出催化活性，然而在这种苛刻的反应条件下催化剂的稳定性较差，并且这种高温高压的反应条件也对反应设备提出了较高的要求，所以该技术至今仍处于研究阶段，而未能实现工业化。若想使该技术实现工业化，就需要寻找能够缓解反应苛刻条件的途径，如寻找能够在相对低的温度和压力条件下显示较高活性且稳定性较好的催化剂。

（2）合成气氧化偶联法 如前所述，该技术分为草酸酯的合成和草酸酯的氢化两个反应阶段。

在草酸酯合成的技术发展中，首先出现液相合成法，而后出现气相合成法。比较而言，液相合成需要在高压下进行，对设备和投资的要求较高；而气相合成则不需要使用高压反应装置，并且减少了压缩空气所需的动力消耗。同时，液相合成需要在反应结束后设置分离操作以提纯生成物、回收催化剂，该过程带来催化剂的流失，并且催化剂也会由于溶解于液相中而部分损耗；而气相合成中固体催化剂放置于固定床等反应器中，反应结束后气态产物自反应器排出，无需另设产物与催化剂的分离步骤，同时也不存在催化剂的溶解消耗问题，所以气相合成的催化剂流失降低、使用寿命得以延长。基于以上所述的气相合成法的若干优势，预计未来草酸酯合成的技术发展重心仍会集中在气相合成法上。

就草酸酯加氢技术而言，原料的氢化程度直接影响反应的走向，因而，对催化剂的研究开发成为草酸酯加氢技术乃至整个合成气氧化偶联法的重中之重。在该技术的发展过程中，首先出现 Cu-Cr 基氢化催化剂。然而，由于 Cr 的毒性问题，之后又先后出现 Ru 基氢化催化剂、Re 基氢化催化剂、Cu-SiO$_2$ 氢化催化剂。其中，人们把研究重点放置在 Cu-SiO$_2$ 催化剂的改性上，如对助催化金属的选择、载体的预处理、催化剂的特定物理形态等的研究。

从该技术的整体反应过程看，由于参与反应的醇类和亚硝酸可作为某一阶段的反应产物而重新生成，所以其实际上仅消耗来源广泛、价格低廉的一氧化碳、氢气和氧气。该技术的优势还在于反应条件温和、催化剂的选择性高且稳定性好、所得产品质量好、污染少。合成气氧化偶联法是现今唯一具有工业化前景的煤制乙二醇技术。目前，已有日本的宇部兴产株式会社在该技术上实现中试，拥有一套 6000t/a 的中试装置；2011 年 1 月，东华科技与贵州黔西县的黔希煤化工签订 30 万吨/年的乙二醇项目总承包合同，所采用的技术即为来自宇部兴产株式会社的合成气氧化偶联法。2005 年，中科院福建物构所与江苏丹阳市丹化金煤化工合作，建成 300t/a 乙二醇中试装置和 1 万吨/年乙二醇工业化试验装置。2007 年，中科院福建物构所又与上海金煤化工联合进行研究开发，2009 年 12 月，采用该技术的 20 万吨/年通辽金煤内蒙古煤制乙二醇示范项目打通全流程并产出合格产品。2010 年 1 月，由中国五环工程有限公司、湖北省化学研究院、鹤壁宝马集团三方合作的煤制合成气生产乙二醇中试基地项目举行开工仪式，该基地将建设年产

300t 乙二醇中试项目和 20 万吨级工业化生产项目。2011 年 4 月 18 日，中石化合成气制乙二醇中试装置在位于江苏南京的扬子石化建成，其设计产能为 1000t/a。

合成气氧化偶联法之所以至今仍处于中试、工业示范阶段，主要原因在于加氢催化剂还没有经过长周期运行检验，也就是说加氢催化剂是制约该技术能够成熟的关键点，其也成为现今业界在该领域急于攻克的技术难题。

（3）甲醛羰基化法　该技术的主要劣势在于第一阶段的甲醛羰基化需要使用具有强腐蚀性的硫酸或氢氟酸作催化剂。这些催化剂均对反应设备产生强污染和强腐蚀，所以，自 20 世纪 80 年代中期以来，该技术逐渐被科研人员所放弃。

（4）甲醛氢甲酰化法　该技术副产甲醇较少，但只有采用多聚甲醛作为原料甲醛的来源才会得到较高的转化率，所以该技术成本较高、离工业化生产还有一段距离。

（5）甲醇甲醛合成法、甲醇脱氢二聚法、甲醛自缩合法　这三种技术的共同特点在于均通过自由基反应实现乙二醇的合成；均集中出现于 1982～1983 年间，技术发展至 20 世纪 80 年代末期便无人问津。

甲醇甲醛合成法的优势在于原料来源广泛、价格便宜；主要缺点是自由基反应带来多种反应产物，使得产物流中目标产物乙二醇的纯度较低，从而带来后续分离成本的上升。如果想要工业化，首先需要寻找能够提高反应产物中乙二醇浓度的途径。

甲醇脱氢二聚法和甲醛自缩合法的优势都在于原料来源广泛、价格便宜；而主要缺点是反应条件严格，需用过氧化物、Rh 等贵金属催化。如果能够降低生产条件，则具有一定的大规模生产潜力。

（6）甲醛电化学加氢二聚法　该技术的优势在于反应条件温和、产物乙二醇的选择性和收率都比较高。但该技术耗电量大、产物乙二醇在电解液中的浓度较低，如果工业化放大，则产物的分离将成为一个难题，需要进一步改进反应条件和电解槽结构。

（7）二甲醚氧化偶联法　该技术的主要劣势在于就反应机理而言，热力学难度大，所以该技术已被科研人员放弃。

另外，通过对煤制乙二醇领域技术发展历程的分析还可以看出，该领域的重要专利申请大多出自图 1-27 所示的主要申请人之手，说明就煤制乙二醇领域而言，申请人所拥有的专利申请数量基本上能够反映其技术实力的强弱。

第4章
煤基化学品专利风险分析

4.1 二甲醚专利风险分析

我国的专利制度起始于 1984 年，比国外晚很多，专利申请文件的撰写方式和水平与国外也有很大的差异，例如国外专利申请保护范围通常较大，而国内专利申请保护范围往往较小，技术方案中涉及的技术点较多，并且针对类似的技术可能提出多篇专利申请，因此仅以国内外专利申请的保护范围作为侵权风险分析的标的难以进行清楚明晰的比较，容易导致偏差。另外，根据二甲醚领域的专利申请分析数据可知，国外来华申请目前有效专利为 14 项，而国内有效专利为 164 项，若以权利要求的保护范围作为侵权风险分析的标的也难以兼顾所有技术。因此，本部分采用二甲醚目前的产业状况和产业发展方向作为专利侵权风险的目标靶，将国外在华的专利申请与我国产业状况和产业发展方向进行比较，以分析已经授权的专利存在的侵权风险和还未获得授权的专利申请潜在的侵权风险。

4.1.1 风险分析的基础

我国二甲醚产业的特点是起步晚，发展快。20 世纪 90 年代初，仅有沿海发达省份少数几个企业生产二甲醚，且工艺技术落后，生产规模小。近几年来，由于二甲醚在作为新型燃料方面的优越性能，很多省份陆续上马二甲醚项目，产能有了较大提高；"十一五"期间，二甲醚的产能迅速扩张，几乎呈线性增长。目前，还有许多 50 万吨级以上的在建或拟建项目，主要集中在内蒙古、贵州、河南、江苏、山西和陕西等地，主要由以神华集团、中煤集团和大唐电力为代表的央企和二甲醚领域的龙头企业新奥集团、久泰能源集团等投资建设。从二甲醚产能的规模来看，我国已经成为了世界二甲醚生产大国。二甲醚的生产分为两步法和一步法两条路线，在世界范围内，仅两步法实现了工业化，我国工业上主要采用液相两步法（以久泰为代表）和气相两步法（以泸天化、神华、中石化等企业为代表）生产二甲醚，生产原料依靠甲醇（大部分是煤基甲醇）。

二甲醚的大部分消费源自于下游的液化石油气掺混市场，我国目前是世界第三大液化气消费市场，液化气年消费量为 2000 万吨左右，液化气进口量居世界第二；各地区消费分布不平衡，以华南和华东地区消费最多，分别占全国总消费量的 37％和 35％，其中广东是国内首屈一指的液化气消费大省，仅珠三角地区的液化气进口量就占到全国的 50％以上，江苏、浙江和福建也是液化气进口的热点地区；二甲醚掺混液化气燃料的大力推广将极大地缓解我国对液化气进口的依赖程度。目前，个别省市已经制定或公布了相应的二甲醚掺混液化气的地方标准，如广东、山东、重庆（DB 50/338—2009）；《液化石油气二甲醚混合燃气》行业标准，于 2012 年 6 月完成。珠三角地区，尤其是广东省，已经开始使用二甲醚掺混的液化气；重庆等西南地区也开始推广使用二甲醚掺混液化气；可以预期，近些年内二甲醚掺混液化气以其价格优势，将会成为液化气进口的热点地区大力推广的民用燃料。

4.1.2　专利侵权风险

从二甲醚的产业现状可以看出，二甲醚的生产具有中国特色的能源结构和地域特点，而且二甲醚作为新型燃料，涉及国计民生的重要能源领域，因此以下以我国二甲醚产业现行的制备方法和上市的二甲醚复合燃料作为标的，对国外来华专利的侵权风险进行分析。

从中国专利数据库中检索到的已经授权的国外来华专利共 21 项，除去已经终止和放弃专利权的专利，以及不适合我国能源结构和产业政策的专利，最终筛选出 11 件重点专利进行侵权风险分析，见表 4-1。

表 4-1　重要已授权专利列表（11 项）

专利号	发明名称	专利权人	国家	公告号	申请日	授权公告日
96191760	燃料级二甲醚的制备方法	托普索公司	丹麦	CN1085647C	1996-1-29	2002-5-29
00101883	从合成气合成甲醇/二甲醚混合物的方法	托普索公司	丹麦	CN100349839	2000-2-2	2007-11-21
200480004632	二甲醚的生产方法及设备	乔治洛德方法研究和开发液化空气有限公司	法国	CN100439310C	2004-2-25	2008-12-3
03826000	从甲醇制备二甲醚的方法	SK 株式会社	韩国	CN1303048C	2003-4-10	2007-3-7
200310124900	从粗甲醇制备二甲醚的方法	SK 株式会社	韩国	CN1283608C	2003-12-11	2006-11-8

续表

专利号	发明名称	专利权人	国家	公告号	申请日	授权公告日
200480027186	用于二甲醚合成的催化剂及其制备方法	SK 株式会社	韩国	CN100503041C	2004-8-30	2009-6-24
200710005614	制备用于从含二氧化碳的合成气合成二甲醚的催化剂的方法	韩国燃气公社株式会社	韩国	CN101190415B	2007-3-1	2011-5-11
00809848	醇连续脱水制备用于柴油发动机燃料的醚和水	托普索公司	丹麦	CN1127557C	2000-6-7	2003-11-12
03805155	燃料油、燃料油用润滑剂和燃料油制造设备	三菱株式会社；伊藤忠商事株式会社；狮王株式会社	日本	CN1273570C	2003-3-3	2006-9-6
200510086070	液化石油气的制造方法	日本气体合成株式会社	日本	CN1733873B	2005-7-19	2010-5-26
200780033749	用于液化石油气生产的催化剂和使用该催化剂生产液化石油气的方法	日本气体合成株式会社	日本	CN101511477B	2007-7-30	2011-8-31

重要已授权专利列表中分为两组，第一组涉及二甲醚的制备共 7 项专利；第二组涉及二甲醚的燃料用途，共 4 项专利。下面将分类对上述专利的侵权风险进行逐个分析。

4.1.2.1 制备领域

（1）ZL96191760.1，专利权人：丹麦托普索公司 授权的独立权利要求 1 如下：

从含有氢和碳氧化物的合成气制备可有效用作压缩点火发动机燃料的、含最多 20%（质量分数）甲醇和最多含 20%（质量分数）水的二甲醚的方法，其中，在一个或一个以上的催化反应器中，在甲醇合成中和甲醇脱水中均具有活性的催化剂存在下，将合成气转化成二甲醚、甲醇和水的混合工艺气体；冷却混合工艺气体，得到含有产生的甲醇，二甲醚和水的液态工艺相（4）和含有未转化的合成气体和部分制得的二甲醚的气态工艺相（2A），该气态相（2A）被分为循环气流（3）和清洗气流（2），其中方法包括分离气相和液相的另外的步骤：

使液相经过第一个蒸馏装置（DME 塔）并蒸馏掉含有二甲醚和甲醇的顶产物流（5）并排出含有甲醇和水的底物流（6）；

使底物流经过第二个蒸馏装置（MeOH 塔）并蒸馏掉含有甲醇的物流（7）；

将该含甲醇物流导入清洗洗涤装置中；

在清洗洗涤装置中，用甲醇洗涤来自分离步骤的气态工艺相并从装置中排出二甲醚和甲醇的洗涤流（8）；

在催化脱水反应器（MTD）中，通过与脱水催化剂接触，将洗涤流中的部分甲醇转化成二甲醚和水；从脱水反应器中排出并冷却二甲醚、水和未转化甲醇的产物流（9）；

使来自第一个蒸馏装置的顶产物流与来自脱水反应器的冷却的产物流结合，得到燃料级二甲醚的结合产物流（10）。

从上述权利要求可以看出，该方法属于合成气一步法制备二甲醚的工艺。由于目前一步法工艺并没有在我国实现工业化，因此该专利暂时并不存在侵权风险。就长远来看其制备催化剂范围很宽，"甲醇合成中和甲醇脱水中均具有活性的催化剂"，涵盖了所有的一步法制备二甲醚的催化剂；反应器范围也很宽，"在一个或一个以上的催化反应器中"，涵盖了所有类型的催化反应器；因此其制备过程将一步法全部覆盖，侵权风险很高；唯一可以突破其专利包围圈的就是"分离气相和液相的另外的步骤"，该分离包括两次蒸馏、一次洗涤，洗涤流中的甲醇循环的步骤，此处可以通过改进分离工艺减少蒸馏和洗涤步骤得到产品二甲醚，从而避开侵权风险。

（2）ZL00101883，专利权人：丹麦托普索公司　授权的权利要求如下：

从基本上化学计量平衡的 $H_2/CO/CO_2$ 合成气的新鲜气流生产富含二甲醚的二甲醚/甲醇产品混合物的方法，该方法包括以下步骤：

a. 将合成气流通过冷却反应器，形成富含甲醇的流出物气流，该冷却反应器含有由合成气形成甲醇中使用的具有活性的催化剂，其中该合成气包括补充合成气和未转化的循环合成气的混合合成气；

b. 将来自步骤 a 的流出物通过绝热反应器以形成进一步富含二甲醚的合成气流，其中该绝热反应器具有包含在甲醇形成中为活性的催化剂和在甲醇脱水中为活性的催化剂的物理混合物的床，以及包含在甲醇脱水中为活性的催化剂的床；

c. 排出来自步骤 b 的富含二甲醚的合成气流，并将其分离为富含二甲醚的二甲醚/甲醇产品混合物和部分转化的合成气流；

d. 将预定量的部分转化的合成气流循环到合成气的补充气流中，形成步骤 a 的合成气流；

e. 在步骤 a 中合成气流通过冷却反应器之前，从合成气流分离一个旁路气流，并在步骤 b 中与催化剂接触之前，混合该旁路气流与富含甲醇的合成气，其中该富含甲醇的合成气是由步骤 a 得到的流出物气流。

该权利要求请求保护一步法和两步法一起运用制备二甲醚的工艺，其催化剂涵盖了所有本领域的催化剂，反应器使用绝热反应器，最主要的特征是步骤 e 的进料方式，其在使用绝热固定床这个方向上的技术垄断较强，侵权风险较大；但是，不采用步骤 e 的进料方式可以规避该专利的侵权风险。

（3）ZL200480004632，专利权人：法国乔治洛德方法研究和开发液化空气有限公司　授权的独立权利要求 1 如下：

一种使用烃进料通过使进料与氧气在反应器内反应以形成至少包含一氧化碳、二氧化碳和氢气的合成气并使该合成气在转化器内进行其中包含放热反应的转化以产生二甲醚的方法中，所述转化器在操作压力下工作，供给所述反应器的氧气的压力为经过至少一个空气压缩机压缩的冷却压缩空气分离后的氧气压力，该方法的改进之处在于在一种压力下生产所述合成气，从而使得所述合成气不经过压缩步骤从反应器送入转化器，并且空气分离单元以高于反应器操作压力的氧气压力为反应器提供氧气。

授权的独立权利要求 14 如下：

一种使用烃进料通过在反应器内使该进料与氧气反应形成至少包含一氧化碳、二氧化碳和氢气的合成气的设备，其中包含反应器，将所述进料送入反应器的进料导管，将所述氧气送入反应器的氧气导管，将合成气从反应器移出的合成气移出导管，所述合成气移出导管与使合成气在其中进行包含放热反应的转化以产生二甲醚的转化器连接，该转化器在操作压力下工作，通过空气分离后氧气的压力提供所述氧气，该设备的改进之处在于不存在用于压缩由反应器产生并送入转化器的合成气的合成气压缩机。

上述的权利要求对合成气的来源进行了限定，即烃制备得到的合成气，其保护范围较小；由于我国的合成气基本都是来源于煤，工业大规模生产都采用煤基合成气，因此对该专利的侵权风险不高。

（4）ZL03826000，专利权人：韩国 SK 株式会社　授权的独立权利要求 1 如下：

一种制备二甲醚的方法，该方法包含下列步骤：

a. 通过使甲醇与亲水固体酸催化剂接触而使所述甲醇脱水；

b. 在所述未反应的甲醇和由步骤 a 产生的产物共同存在下通过与疏水固体酸催化剂沸石接触而使未反应的甲醇继续脱水，其中所述脱水是在固定床反应器中进行的，该反应器使用了双层填装的催化剂床层，所述床层包含所述亲水固体酸催化基层和所述疏水沸石催化剂层，在所述反应器中使反应流体流入所述催化剂床层，宜首先与所述亲水固体酸催化剂接触，然后与所述疏水沸石催化剂接触，并且其中所述亲水固体酸催化剂为 γ-氧化铝或氧化硅-氧化铝，所述疏水固体酸催化剂为具有 SiO_2/Al_2O_3 比为 20～200 的疏水沸石。

上述权利要求请求保护气相固定床制备二甲醚的方法，该方法使用双层催化剂，上层为 γ-氧化铝或氧化硅-氧化铝层，下层为 SiO_2/Al_2O_3 比为 20～200 的沸石层。由于其对反应催化剂的种类和催化剂床层的复合方式都做了具体的限定，对反应器的类型也做了具体的限定，因此该权利要求的保护范围较小，只要采用不同类型的脱水反应器，不同的工艺，不同的催化剂，或不同的催化剂复合方式中的任一种办法都可以避开侵权，因此，对该专利的侵权风险较低。

（5）ZL200310124900，专利权人：韩国 SK 株式会社　授权的独立权利要求 1 如下：

一种生产二甲醚的方法，包括：在式（Ⅰ）所示的疏水沸石催化剂存在下，使含水粗甲醇脱水，所述沸石催化剂中的疏水沸石的氢阳离子是被部分取代的：

$$H_x M_{(1-x)/n} Z \qquad\qquad （Ⅰ）$$

其中，H 表示氢阳离子；M 表示一种或多种阳离子，选自元素周期表第ⅠA 族、ⅡA 族、ⅠB 族和ⅡB 族金属离子和铵根离子；n 表示取代的阳离子 M 的氧化数；x 表示基于氢阳离子量的 10%～90%（摩尔分数）；并且 Z 表示 SiO_2/Al_2O_3 比例为 20～200 的疏水沸石。

该权利要求的主要特征是催化剂的特征，其采用了阳离子改性的沸石催化剂，其改性的阳离子几乎涵盖了本领域所有可以用于沸石改性的金属，范围较宽。但由于生产二甲醚所用的催化剂并不仅仅只有这一种类型，因此对该专利的侵权风险不高；要想避开该专利的侵权风险，可以采用不同的脱水催化剂，例如 γ-氧化铝，离子交换树脂等，或不采用阳离子改性的沸石催化剂。

（6）ZL 200480027186，专利权人：韩国 SK 株式会社　授权的独立权利要求 1 如下：

一种用于经甲醇脱水反应的二甲醚合成的催化剂，它包含：

a. 具有质子的疏水性沸石；

b. 选自碱金属、碱土金属和铵的阳离子；

c. 选自氧化铝、二氧化硅和二氧化硅-氧化铝的无机胶黏剂，其中所述疏水性沸石的 SiO_2/Al_2O_3 比率是 20～200，其中所述阳离子以相对于疏水性沸石的质子计 20%～90%（摩尔分数）的量被浸渍到所述疏水性沸石中，并且其中所述被选自碱金属、碱土金属和铵的阳离子浸渍的沸石与所述无机胶黏剂的质量比在 1:(0.5～50) 的范围内。

上述权利要求是催化剂产品的权利要求，其要求保护的催化剂是采用阳离子改性的沸石催化剂，其涵盖了大部分可以改性沸石的阳离子，但其限定了用浸渍法对沸石进行改性，因此权利要求范围较小。而且由于二甲醚的制备可以使用 γ-氧化铝脱水催化剂，且沸石催化剂有很多改性方式，只要不采用浸渍法对沸石进行改性，或不采用阳离子改性沸石催化剂，都可以避开上述的侵权风险，因此对该专利的侵权风险不高。

（7）ZL200710005614，专利权人：韩国燃气公社　授权的独立权利要求 1 如下：

用于产生二甲醚的混合催化剂，其包含：从碳酸钠溶液和金属硝酸盐溶液制备的甲醇合成催化剂，其中通过将助催化剂加入到主催化剂中来形成所述金属硝酸盐溶液，所述助催化剂包括至少一种选自 Mg 的氧化物、Zr 的氧化物、Ga 的氧化物、Ca 的氧化物的成分，所述主催化剂由硝酸铜溶液、硝酸锌溶液和硝酸铝溶液组成；以及

通过将磷酸铝（AlPO$_4$）与 γ-氧化铝混合形成的脱水催化剂，

其中在所述甲醇合成催化剂中，所述主催化剂与所述助催化剂之比为 19～99，

其中在所述脱水催化剂中，磷酸铝与 γ-氧化铝之比为 1：(0.82～1.22)，以及其中所述甲醇合成催化剂与所述脱水催化剂的混合比为 1：(0.4～0.65)。

该权利要求请求保护的是一步法制备二甲醚的催化剂。由于目前一步法在国内尚未实现工业化，催化剂还是需要重点突破的关键，而且上述催化剂的组分较多，比较复杂，工业实施难度很高，因此对上述专利的侵权风险很低。

4.1.2.2 燃料用途领域

（1）ZL00809848，专利权人：丹麦托普索公司　授权的独立权利要求 1 如下：

采用在内燃机中可持续使用的含有含氧化合物的柴油燃料组合物使压缩点火发动机运转的方法，所述燃料组合物包含甲醇、二甲醚和水，包括将含有最多 20％水（质量分数）和最多 20％（质量分数）乙醇或高级醇的甲醇在催化脱水反应中转化的步骤，采用运输工具上装设的催化转化器使所述甲醇将按反应式转化成二甲醚：

$$2CH_3OH \Longleftrightarrow DME + 水$$

其中，脱水温度介于 200～450℃，且压力为 10～400bar；

通过喷射燃料到发动机燃烧室，并在空气存在条件下使燃料燃烧，其中甲醇浓度为 5％～50％（重量分数），且其中所述燃料燃烧的空气被预热到至少 60℃。

上述权利要求请求保护的是在运输工具上安装催化反应器，使甲醇脱水生成二甲醚，从而在内燃机中形成二甲醚和柴油混合物燃料。由于目前国内认为二甲醚自身的性质不适合直接应用于内燃机中，要使用二甲醚必须对汽车的发动机进行改造，国内产业界对该方法前景并不看好，因此对该专利的侵权风险极小。

（2）ZL03805155，专利权人：三菱株式会社；伊藤忠商事株式会社；狮王株式会社　授权的独立权利要求 1 如下：

一种燃料油，其特征为该燃料油含有二甲醚以及棕榈油衍生物。

该权利要求保护的是燃料油产品，其组分中包含二甲醚和棕榈油衍生物。我国目前还没有直接将二甲醚和棕榈油混合作为燃料的用法，而且这种混合燃料的物理化学性质也有待于实践的检验是否适合作为现有发动机的燃料，因此，近期内对该专利不存在侵权风险。

（3）ZL200510086070，专利权人：日本气体合成株式会社　授权的独立权利要求 5 如下：

一种液化石油气的制造方法，其特征如下：

a. 合成气制造工序。用含碳原料和 H_2O、O_2 以及 CO_2 中的至少一种，制造含有一氧化碳和氢气的合成气。

b. CO 分离工序。从合成气制造工序中得到的合成气中，分离出主成分为一氧化碳的含一氧化碳气体，得到含有一氧化碳和氢气的二甲醚合成用气体。

c. 变换反应工序。通过变换反应，用从 CO 分离工序的合成气中分离出的含一氧化碳气体和在 H_2O 分离工序中自含低级链烷烃气体分离出并且在再循环工序中被再循环至变换工序中的含水气体，制造含有氢气的含氢气气体。

d. 二甲醚制造工序。在催化剂的作用下，通过使一氧化碳和氢气发生反应，用在 CO 分离工序中得到的二甲醚合成用气体，制造含有二甲醚的二甲醚气体。

e. 低级链烷烃制造工序。在液化石油气制造催化剂的作用下，通过使二甲醚和氢气发生反应，用在二甲醚制造工序中得到的含二甲醚气体和在变换反应工序中得到的含氢气气体，制造含有水和主成分为丙烷或丁烷的含低级链烷烃气体。

f. H_2O 分离工序。用在低级链烷烃制造工序中得到的含低级链烷烃气体，分离以水为主成分的含水气体，得到主成分为丙烷或丁烷的液化石油气。

g. 再循环工序。将在 H_2O 分离工序中从含低级链烷烃气体分离出的含水气体再循环至变换反应工序。

该权利要求保护的是利用含碳原料，经合成气，二甲醚，制备主成分为丙烷或丁烷的低级链烷烃的方法。由于该工艺合成路线长，设备投资高，能耗高，成本不经济，因此国内不会采用该方法制备液化石油气，所以对该专利不存在侵权风险。

(4) ZL200780033749，专利权人：日本气体合成株式会社　授权的独立权利要求 1 如下：

包含 SiO_2：Al_2O_3 摩尔比为 100 或更多：1 的担载 Pd 的 β-沸石的催化剂在通过使甲醇和二甲醚的至少一种与氢气反应来生产主要由丙烷或丁烷组成的液化石油气中的用途。

授权的权利要求 12 如下：生产液化石油气的方法，包括

a. 使合成气流过含有甲醇合成催化剂和甲醇脱水催化剂的催化基层以得到含有二甲醚和氢气的反应气体的二甲醚生产步骤；

b. 使在所述二甲醚生产步骤中得到的所述反应气体流过含有包含 SiO_2：Al_2O_3 摩尔比为 100 或更多：1 的担载 Pd 的 β-沸石的催化剂层以生产主要由丙烷或丁烷组成的液化石油气的液化石油气生产步骤。

授权的独立权利要求 18 如下：生产液化石油气的方法，包括

a. 使用含碳原料和选自由组成的组的至少一者生产合成气的合成气生产步骤；

b. 使所述合成气流过含有甲醇合成催化剂和甲醇脱水催化剂的催化基层以得到含有二甲醚和氢气的反应气体的二甲醚生产步骤；

c. 使在所述二甲醚生产步骤中得到的所述反应气体流过含有包含 SiO_2：Al_2O_3

摩尔比为 100 或更多：1 的担载 Pd 的 β-沸石的催化剂层以生产主要由丙烷或丁烷组成的液化石油气的液化石油气生产步骤。

上述权利要求保护的是利用二甲醚制备主成分为丙烷或丁烷的低级链烷烃的方法，二甲醚可以由合成气制备，合成气可以由含碳原料制备。由于该工艺合成路线长，设备投资高，能耗高，成本不经济，因此国内不会采用该方法制备液化石油气，所以对该专利不存在侵权风险。

4.1.3 潜在侵权风险

从中国专利数据库中检索到的待处理的国外来华专利申请共 22 项，除去不适合我国国情以及不适合实现工业化的专利申请，最终筛选出 12 项重点专利，与我国二甲醚产业现行的制备方法和上市的二甲醚复合燃料以及产业的发展方向进行比较，进行潜在侵权风险分析，见表 4-2。

表 4-2 重要未授权专利（12 项）

申请号	发明名称	申请日	申请人	国家
200480005960	制备合成气的方法，使用合成气制备二甲醚的方法和合成气制备炉	2004-3-5	LNG JAPAN 株式会社；国际石油开发株式会社；JFE 控股公司；JFE 钢铁株式会社；JFE 工程公司；日本石油资源开发株式会社；道达尔天然气与发电公司；丰田株式会社；太阳日酸株式会社；株式会社日立制作所；丸红株式会社	日本
200810083695	生产二甲醚的方法	2008-3-18	催化蒸馏公司	美国
200810188731	纯二甲醚的制备方法	2008-12-12	托普索公司	丹麦
200810210029	二甲醚的制备方法	2008-8-22	托普索公司	丹麦
200880024178	二甲醚的制备方法	2008-7-10	托普索公司	丹麦
200880121793	反应器内部的温度控制方法、反应装置及二甲醚的制造方法	2008-12-17	日挥株式会社；三菱株式会社	日本
200910217190	二甲醚制备用催化剂和二甲醚的制备方法	2009-12-18	住友株式会社	日本
201010109941	制备合成气的方法，使用合成气制备二甲醚的方法和合成气制备炉	2004-3-5	国际石油开发帝石株式会社；日本石油资源开发株式会社；道达尔天然气与发电公司；丰田株式会社	日本
201010243618	用于制备二甲醚的方法	2010-8-2	催化蒸馏公司	美国
200610172511	液化石油气的制造方法	2006-12-26	日本气体合成株式会社	日本
200610172513	液化石油气的制造方法	2006-12-26	日本气体合成株式会社	日本
200880110895	液化气组合物的用途	2008-10-9	道达尔天然气与发电公司	法国

重要未授权专利列表中也分为两组，第一组涉及二甲醚的制备共 9 项专利；第二组涉及二甲醚的燃料用途，共 3 项专利。下面将分类对上述未授权的申请的潜在侵权风险进行逐个分析。

4.1.3.1　制备领域

（1）申请号：200480005960，申请人：日本 LNG JAPAN 株式会社；日本国际石油开发株式会社；日本 JFE 控股公司；日本 JFE 钢铁株式会社；日本 JFE 工程公司；日本石油资源开发株式会社；法国道达尔天然气与发电公司；日本丰田株式会社；日本太阳日酸株式会社；日本株式会社日立制作所；日本丸红株式会社　权利要求 1：

一种制备包括一氧化碳和氢气作为主要组分的合成气的方法，其包括：通过使用内部设置有催化剂层的用于生成合成气的合成炉，将烃部分燃烧而生成的气体重整，其中催化剂层的出口温度为 1100～1300℃，并且所生成的合成气中二氧化碳的浓度不超过 10%（体积分数）。

权利要求 4：

一种从含有一氧化碳和氢气的合成气制备二甲醚的方法，其包括使用通过权利要求 1 所述的方法制备的合成气。

权利要求 4 请求保护用权利要求 1 的方法制备的合成气原料制备二甲醚的方法，该合成气来源于烃的燃烧重整。由于我国的合成气多来源于煤，因此对该申请的潜在侵权的风险很低。

（2）申请号：200810083695，申请人：美国催化蒸馏公司　权利要求 1：

一种生产二烷基醚的方法，该方法包括：

将包含烷基醇的物料流加入蒸馏塔反应器系统中。

同时在蒸馏塔反应器系统中进行以下操作。

a. 在蒸馏反应区使烷基醇与催化蒸馏结构接触，从而催化至少一部分烷基醇反应生成相应的二烷基醚和水；

b. 进行分馏，将所得的二烷基醚从水中分离；

操作蒸馏塔反应器系统，以使烷基醇基本上完全转化为相应的二烷基醚和水；

从蒸馏塔反应器中回收作为塔顶馏分的二烷基醚；

从蒸馏塔反应器中回收作为底部馏分的水。

该权利要求请求保护采用催化蒸馏法制备烷基醚（二甲醚的上位概念）的方法。该权利要求对催化剂和设备都没有具体的限定，其请求保护的范围写得很宽，对催化剂和设备都没有具体的限定，而且催化蒸馏法是两步法制备二甲醚的新的发展方向，因此对该申请潜在侵权风险较高，需要密切关注。

（3）申请号：200810188731，申请人：丹麦托普索公司　权利要求 1：

一种通过合成气催化转化为二甲醚来制备二甲醚产物的方法，其包括，在二甲醚合成步骤中，在一个或多个反应釜中，将包含二氧化碳的合成气气流与一种或多种在形成甲醇以及将甲醇脱水为二甲醚的过程中有活性的催化剂接触，生成含二甲醚和二氧化碳的混合产物，在洗涤区中用富含聚亚烷基二醇二烷基醚的液体溶剂洗涤，从而将二氧化碳和二甲醚溶解在该液体溶剂中，在分离区中连续处理从洗涤区中流出的液体溶剂，从而实现所溶解的二氧化碳的脱附，并回收基本上纯的二甲醚产物以及基本上为贫溶剂形式的液体溶剂，并将贫液体溶剂循环至洗涤区。

该权利要求请求保护合成气一步法制备二甲醚的方法，其主要特征在于"在洗涤区中用富含聚亚烷基二醇二烷基醚的液体溶剂洗涤"，由于该权利要求限定范围较小，本领域还存在许多洗涤二氧化碳的溶剂和手段，因此对该申请的潜在侵权风险较低。

（4）申请号：200810210029，申请人：丹麦托普索公司　权利要求1：

通过合成气催化转化成二甲醚制备二甲醚产品的方法，其包含在二甲醚合成步骤中在一个或多个反应器中将包含二氧化碳的合成气物流，与具有甲醇形成和甲醇脱水成二甲醚活性的一种或多种催化剂接触，以形成包含二甲醚、甲醇、二氧化碳和未转化合成气组分的产品混合物；在涤气区用富含碳酸钾或胺的液体溶剂洗涤包含二氧化碳和未转化合成气的产品混合物，由此在液体溶剂中选择性地吸收二氧化碳；使这样经处理的产品混合物经历蒸馏步骤以从二甲醚和二氧化碳含量减少的未转化合成气物流中分离甲醇和水；并从二甲醚产品中分离未转化的合成气。

该权利要求请求保护合成气一步法制备二甲醚的方法，其主要特征在于"在涤气区用富含碳酸钾或胺的液体溶剂洗涤包含二氧化碳和未转化合成气的产品混合物"，由于该限定范围较小，本领域还存在许多洗涤二氧化碳的溶剂和手段，因此对该申请的潜在侵权风险较低。

（5）申请号：200880024178，申请人：丹麦托普索公司　权利要求1：

通过将合成气催化转化成二甲醚来制备二甲醚的方法，其包含：将包含二氧化碳的合成气流与一种或多种催化剂进行接触，来形成包含成分二甲醚、二氧化碳和未转化的合成气的产物混合物3，所述的催化剂在由合成气形成甲醇中和甲醇脱水成为二甲醚中是活性的，将该包含二甲醚、二氧化碳和未转化的合成气的产物混合物3在清洗单元4的第一洗涤区域4A中用富含二甲醚的第一溶剂10进行清洗，并随后将来自该第一洗涤区域4A的流出物在清洗单元4的第二洗涤区域4B中用富含甲醇的第二溶剂11进行清洗，来形成蒸气流5，其包含具有降低的二氧化碳含量的未转化合成气，转移该包含具有降低的二氧化碳含量的未转化合成气的蒸气流5来进一步加工成二甲醚。

该权利要求请求保护合成气一步法制备二甲醚的方法，其主要特征在于两步洗涤除去二氧化碳，一次用富含二甲醚的第一溶剂，一次用富含甲醇的第二溶剂，由于没有引入其他的溶剂，降低了洗涤成本，是一种较佳的洗涤方式，因此有一定的潜在侵权风险，但可以采用其他的洗涤方式来避开侵权风险。

（6）申请号：200880121793，申请人：日本日挥株式会社；日本三菱株式会社　权利要求 1：

一种反应器内部的温度控制方法，其特征在于：

将反应区域分割成多个，将所分割的多个反应区域分配给一个或两个以上的隔热型反应器，并向隔热型反应器内供给原料，通过伴随放热的平衡反应制造目的物，该温度控制方法是在制造所述目的物时进行的，该方法包括：

向第一段的反应区域供给原料，得到含有目的物的反应生成物的工序；然后，依次向后段侧的反应区域供给包括从前段侧的反应区域取出的反应生成物和未反应的原料的混合物，得到含有目的物的反应生成物的工序；

在所述反应区域彼此之间的至少一处，向所述混合物供给骤冷流体并进行混合，由此对该混合物进行冷却的工序，其中所述骤冷流体含有在比所述骤冷流体的供给区域更后段侧的反应区域得到的所述反应生成物的一部分及在所述隔热型反应器以外得到的与所述目的物相同的化合物中的至少一种。

权利要求 6：

如权利要求 1 所述的反应器内部的温度控制方法，其特征在于：所述伴随放热的平衡反应为以甲醇为原料、得到由水和目的物二甲醚构成的反应生成物的反应。

上述权利要求 6 请求保护通过向反应区域多点供料（骤冷流体）来平衡甲醇脱水生成二甲醚的放热的方法，由于大连化物所已经公开了（CN 101108789A）采用甲醇分段进料控制或调节脱水反应器内的床层温度分布，我国在该技术领域具有优势，因此上述权利要求授权的可能性不高，因此潜在侵权风险很低。

（7）申请号：200910217190，申请人：日本住友株式会社　权利要求 1：

二甲醚制备用催化剂，含有二氧化硅、镁元素和作为主成分的氧化铝。

上述权利要求请求保护镁改性的氧化铝催化剂，由于甲醇脱水制备二甲醚的催化剂有很多种，常用的为 γ-氧化铝和沸石类催化剂，其分别也可以采用不同的金属进行改性，即脱水催化剂有很多选择，因此上述权利要求的潜在侵权风险很低。

（8）申请号：201010109941，申请人：日本国际石油开发帝石株式会社；日本石油资源开发株式会社；法国道达尔天然气与发电公司；日本丰田株式会社权利要求 1：

一种作为介质用于采用淤浆床反应方法的合成反应的中油，其包括作为主要组分的支链饱和脂族烃，所述支链饱和脂族烃具有 16～50 个碳原子、1～7 个叔碳原子、0 个季碳原子和在与所述叔碳原子连接的支链中的 1～16 个碳原子；以及所述叔碳原子中的至少一个在三个方向上被连接到链长为 4 或更多个碳原子的烃链上。

权利要求 8：

一种制备二甲醚和甲醇的混合物的方法，其包括使含有一氧化碳和氢气的原料气体通过含有以下混合物的催化剂浆，所述混合物包括：

① 权利要求 1 中所述的中油；

② 甲醇合成催化剂；

③ 甲醇脱水催化剂和甲醇转换催化剂，或者甲醇脱水/转化催化剂。

权利要求 8 请求保护浆态床工艺由合成气一步制备二甲醚的方法。由于目前一步法都没有进入工业化阶段，主要是由于技术经济不过关，装置投资高，生产成本高，不具备竞争优势，其在大型化装置和催化剂两项关键技术方面亟需突破性进展，因此近年内潜在侵权风险不高；但是由于一步法是生产二甲醚的一个发展方向，而且上述申请人在国外也投资了大型二甲醚制备项目，因此我国在研究一步法重点技术攻关的同时也应当密切关注上述申请人的动向。

（9）申请号：201010243618，申请人：美国催化蒸馏公司　权利要求 1：

一种用于制备二甲醚的方法，所述方法包括：将包含水的水性萃取剂与来自甲醇合成反应器的流出物接触，所述来自甲醇合成反应器的流出物处于部分的或全部的汽相并且包含甲醇以及甲烷、水、一氧化碳、二氧化碳、氢气和氮气中的一种或多种，从而所述甲醇的至少一部分分配到所述水性萃取剂中；回收包含所述水性萃取剂和甲醇的萃取部分；回收包含甲烷、水、一氧化碳、二氧化碳、氢气和氮气中的所述一种或多种的萃余部分；将所述萃取部分进料到催化蒸馏反应器系统中；在所述催化蒸馏反应器系统中同时地；

a. 将所述甲醇与在蒸馏反应区中的催化剂接触，从而使甲醇的至少一部分催化反应以形成二甲醚和水；

b. 将得到的二甲醚和水分馏，以回收包含二甲醚的第一塔顶馏分和包含水的第一塔底馏分。

该权利要求请求保护采用催化蒸馏法制备烷二甲醚的方法，萃取剂为水性萃取剂。该权利要求对催化剂和设备都没有具体的限定，其请求保护的范围较宽，而且催化蒸馏法是两步法制备二甲醚的新的发展方向，因此该申请潜在侵权风险较高，需要密切关注。

4.1.3.2　燃料用途领域

（1）申请号：200610172511，申请人：日本气体合成株式会社　权利要求 1：

一种液化石油气制造方法，是主要成分为丙烷或丁烷的液化石油气的制造方法，其特征在于，使含甲醇和/或二甲醚与氢、一氧化碳的原料气通过含液化石油气制造用催化剂的催化剂层，来制造液化石油气。

该权利要求请求保护由含甲醇和/或二甲醚的原料制备主要成分为丙烷或丁烷的液化石油气的方法，由于二甲醚与氢反应得到 LPG 是现有技术已经公开的方法，该申请授权前景不高，而且我国的甲醇和二甲醚基本都是来源于煤，因此用该方法制备 LPG 设备投资高，能耗高，成本不经济，国内不会采用该方法制备液化石油气，所以不存在潜在侵权风险。

（2）申请号：200610172513，申请人：日本气体合成株式会社　权利要求 3：

一种液化石油气的制造方法，包括

a. 二甲醚制造工序，采用二甲醚合成催化剂，由合成气制造含有二甲醚、氢、一氧化碳和二氧化碳中至少一种的粗二甲醚；

b. 液化石油气制造工序，采用液化石油气制造用催化剂，由在二甲醚制造工序中得到的未精制粗二甲醚，制造所含烃的主要成分为丙烷或丁烷的液化石油气。

该权利要求请求保护由含二甲醚的原料制备主要成分为丙烷或丁烷的液化石油气的方法，由于二甲醚与氢反应得到 LPG 是现有技术已经公开的方法，该申请授权前景不高，而且我国的甲醇和二甲醚基本都是来源于煤，因此用该方法制备 LPG，工艺流程长，设备投资高，能耗高，成本不经济，国内不会采用该方法制备液化石油气，所以不存在潜在侵权风险。

（3）申请号：200880110895，申请人：法国道达尔天然气与发电公司　权利要求 1：

一种可储存的液化气组合物的用途，所述可储存的液化气组合物包含甲醚或 DME 与烃混合物的混合物，所述烃混合物包含至少一种具有 3 个碳原子的烃或丙烷和至少一种具有 4 个碳原子的烃或丁烷，其中离开储存器时所释放的气体混合物包含恒定的 DME 浓度，所述 DME 浓度固定为不超过 50%（质量分数）的 DME 的值，直到已经释放所储存组合物的超过 50%（质量分数）。

该权利要求请求保护掺混二甲醚的液化气组合物的用途。由于我国个别省市，例如重庆和广东已经制定了液化气中掺混二甲醚的地方标准，其中明确规定二甲醚在液化石油气中的质量分数不超过 20%；二甲醚掺混到液化气中作为燃料是目前为止比较安全和合理的用法，尤其是久泰能源公司已经生产掺混二甲醚的液化气罐装产品，二甲醚在液化气中的掺混量不超过 40%（质量分数），这些标准和企业产品的应用都落入上述申请请求保护的范围之内，而且国家能源局也于 2011 年 5 月公布了《液化石油气二甲醚混合燃气标准》，于 2012 年 6 月完成，该标准的完成将帮助东南沿海地区推广二甲醚掺混液化气市场。因此一旦上述申请授权，我国二甲醚掺混液化气的使用都会侵权，将严重打击二甲醚市场，因此上述申请潜在着很高的侵权风险，必须高度重视，避免其获得授权。

由上述的风险分析可以总结出如下几点：

① 二甲醚的生产是设备、工艺、催化剂、流程等多个要素相结合的整套技术，目前我国采用的两步法生产二甲醚的整套技术不会对国外来华专利构成侵权；但是在某些重要技术要素上例如绝热固定床技术，丹麦托普索公司具有垄断地位，只能通过寻找替代技术或其他要素的变化来避免侵权；催化蒸馏法是两步法制备二甲醚技术的新方向，美国催化蒸馏公司的专利申请请求保护范围很宽，潜

在着较高的侵权风险，需要密切关注。

② 一步法生产二甲醚的技术虽然没有实现工业化，但其是目前国内外的研究热点，丹麦托普索公司技术基础扎实，已经在我国获得专利权，法国道达尔公司联合日本多家石油公司也在中国进行了专利布局，它们的专利或申请，需要高度重视密切关注。

③ 二甲醚的燃料用途大部分关注二甲醚在液化气领域的用途，我国重庆等地的地区标准和久泰能源公司已经得到了掺混二甲醚的液化气罐装产品的使用对法国道达尔公司二甲醚掺混液化气的用途存在潜在侵权风险，该申请的授权将严重打击二甲醚市场，应当极力避免该申请获得专利权。

4.2 醋酸专利风险分析

4.2.1 风险分析的基础

2008 年，全球醋酸装置产能总计达到 1388.1 万吨，其中美洲 318.5 万吨/年、欧洲 150.5 万吨/年、中东 149 万吨/年、亚洲其他地区 259.6 万吨/年、中国大陆410 万吨。中国醋酸产能占到世界总产能的 1/3 强，占亚洲醋酸产能的 2/3，已经成为第一产能大国。全球醋酸需求 1107.5 万吨，产能略有富余。2008 年全球醋酸需求分布：欧洲和亚洲是净进口，分别达到 37.4 万吨和 31.2 万吨，北美为净出口 62.8万吨。自 2005 年以来，世界醋酸需求的年增长率在 5% 左右，欧美地区年增长率1%～3%，亚洲地区达到 6.6%，而需求增长最快的是中国，其年需求率高于 12%。强劲的需求带动了醋酸投资热，产能的扩张主要集中在亚洲以及中东地区。

我国醋酸生产技术得到了长足的发展。目前，我国采用甲醇羰基合成法生产醋酸的产能占总产能的 85% 以上（以天然气为原料的占总量的 7.3%），乙烯法及乙醇法占 15% 左右。甲醇羰基合成法生产醋酸的市场占有率得到了进一步提高，2010 年新增产能均为甲醇羰基合成工艺。

在醋酸的各种合成方法中，甲醇羰基化是工业上应用最为广泛的制备方法，因此，在侵权风险分析中，主要集中于甲醇羰基化工艺以及其相应的催化剂。课题组分析了国外申请人针对主要的几种甲醇羰基化工业化工艺路线和催化剂的在华专利布局，做出了专利侵权风险分析，针对还没有结束审批程序的专利申请做出了潜在侵权风险分析，并且其他具有工业化前景的工艺路线的重要专利。

当前国外申请人在我国醋酸领域形成专利布局的工业化方法主要有英国石油化学品有限公司的 Cativa 工艺、美国塞拉尼斯国际公司的 AO Plus 低水羰基化工艺和 Silverguard 工艺、埃塞泰克斯（塞浦路斯）有限公司的醋酸多联产工艺、托普索公司的合成气工艺，课题组针对上述工艺的侵权风险做出了分析。

除了上述典型的工业化工艺路线的专利，课题组还注意到了一些其他专利，这些专利虽然不会对我国的醋酸行业的发展产生风险，然而由于这些专利具有各自的优点，我国醋酸企业仍然应当特别关注这些专利的存在。

此外，英国石油化学品有限公司和美国伊斯曼化学公司还申请了一系列的有关甲醇汽相羰基化工艺/催化剂的专利，汽相羰基化工艺目前尚未实现工业化，目前对我国醋酸工业的发展没有风险，然而，汽相羰基化一旦实现工业化，我国应当注意这些专利的存在。

4.2.2　专利侵权风险

由于我国醋酸市场的快速增长和良好的前景预期，虽然国内醋酸产能已经严重过剩，国外醋酸巨头却加大了我国醋酸及其下游衍生产品的投资力度，这需要我们重新审视醋酸产业的总体发展。除了在中国进行醋酸产业的布局以外，国外公司也在中国申请了大量的专利，我国醋酸产业需要注意国外公司在我国醋酸领域的专利布局，见表 4-3。

表 4-3　重要已授权专利

专利号	发明名称	专利权人	国家	申请日	授权公告日
94115261.8	生产乙酸的方法	英国石油化学品有限公司	英国	1994-9-10	1999-2-3
95105600.X	乙酸的制备方法	大赛璐化学工业株式会社	日本	1995-6-2	2001-3-21
96110366.3	通过羰基化作用生产乙酸的方法	英国石油化学品有限公司	英国	1996-5-21	2003-4-23
97110543.X	制备乙酸的方法	托普索公司	丹麦	1997-4-10	2002-1-30
97120806.9	用于制备乙酸的铱催化的羰基化方法	英国石油化学品有限公司	英国	1997-12-19	2002-10-23
98115522.7	生产乙酸的方法中应用的催化剂体系	英国石油化学品有限公司	英国	1998-6-25	2002-10-16
99101723.4	制备乙酸的无水羰基化方法	英国石油化学品有限公司	英国	1999-2-1	2004-1-21
99119765.8	一种经反应蒸馏作用制备和纯化乙酸的方法	托普索公司	丹麦	1999-8-5	2004-1-21
99121775.6	羰基化方法	英国石油化学品有限公司	英国	1999-9-3	2004-2-18
99127743.0	生产乙酸的方法	英国石油化学品有限公司	英国	1999-11-19	2005-6-8
99816164.0	低级烷基醇的羰基化方法	伊斯曼化学公司	美国	1999-12-31	2005-11-2
01807718.8	装载于碳化的多磺化二乙烯基苯-苯乙烯共聚物上的羰基化催化剂	伊斯曼化学公司	美国	2001-3-12	2005-4-13
02804681.1	低能量羰基化方法	塞拉尼斯国际公司	美国	2002-2-6	2010-1-13

专利号	发明名称	专利权人	国家	申请日	授权公告日
02808458.6	用于低级烷醇羰基化的锡促进的铂催化剂	伊斯曼化学公司	美国	2002-6-14	2006-12-13
02809092.6	用于低级烷基醇羰基化的锡促进的铱催化剂	伊斯曼化学公司	美国	2002-6-17	2009-1-7
02812106.6	用于低级烷基醇的羰基化的钨促进催化剂	伊斯曼化学公司	美国	2002-6-17	2008-10-1
03811652.9	制造乙酸和甲醇的一体化方法	埃塞泰克斯(塞浦路斯)有限公司	塞浦路斯	2003-5-20	2007-4-18
03813044.0	乙酸的制备工艺	英国石油化学品有限公司	英国	2003-5-29	2010-1-6
03813777.1	生产乙酸的方法	英国石油化学品有限公司	英国	2003-5-29	2008-3-26
03822190.X	生产乙酸的方法	英国石油化学品有限公司	英国	2003-9-3	2007-1-31
200380107357.X	用于提高乙酸生产率和水平衡控制的低水甲醇羰基化法	塞拉尼斯国际公司	美国	2003-11-18	2007-10-10
200480020623.X	用于生产乙酸的催化剂和方法	英国石油化学品有限公司	英国	2004-6-23	2010-6-23
200480040527.1	制备乙酸和甲醇的一体化方法	埃塞泰克斯(塞浦路斯)有限公司	塞浦路斯	2004-1-22	2010-9-29
200580006409.3	用于制备羰基化产物的工艺	英国石油化学品有限公司	英国	2005-2-9	2010-1-20
200580043496.X	用于生产乙酸的催化剂和方法	英国石油化学品有限公司	英国	2005-11-17	2009-10-14

下面将分类对上述专利的侵权风险进行分组分析。

4.2.2.1 Cativa 工艺及其改进

(1) ZL94115261.8, 专利权人:英国石油化学品有限公司 授权的权利要求 1 如下:

"通过甲醇或其活性衍生物羰基化生产乙酸的方法,该方法包括在一个羰基化反应器中使甲醇或其活性衍生物在液体反应组合物中与一氧化碳接触,其特征在于液体反应组合物包括:

a. 乙酸,b. 铱催化剂,c. 甲基碘,d. 至少一定浓度的水,e. 乙酸甲酯,f. 作为助催化剂的钌和锇中的至少一种。"

该专利使用钌或锇作为助催化剂的铱基催化剂,具有以下优势:铱催化体系活性高于铑催化体系；铱的价格明显低于铑，在经济上更加具有竞争力；该催化剂体系可以降低铱催化剂的挥发性；钌或锇助催化剂的使用可以在较低铱浓度下进行操作，可以减少副产物的生成；该催化剂体系在较低一氧化碳分压下也具有较高的反应速率。使用该专利技术，可大大改进传统的甲醇羰基化过程，削减生产费用高达 30%，节减扩建费用 50%。

（2）ZL96110366.3，专利权人：英国石油化学品有限公司　授权的权利要求如下：

"一种生产乙酸的方法，包含

① 将甲醇和/或其活性衍生物和一氧化碳连续地加入羰基化反应器中，该反应器中装有包含浓度为（400～3000）×10^{-6} 的铱羰基化反应催化剂、碘甲烷辅催化剂、一定浓度的水、乙酸、乙酸甲酯和至少一种助催化剂的液体反应组合物；

② 使甲醇和/或其活性衍生物与一氧化碳在液体反应组合物中相接触产生乙酸；

③ 从液体反应组合物中回收乙酸，其特征在于，在整个反应过程中，液态反应组合物持续保持：

a. 水浓度 1%～6.5%（质量分数），b. 乙酸甲酯浓度在 5%～30%（质量分数），c. 碘甲烷浓度在 5%～16%（质量分数），其特征还在于在指定的乙酸甲酯和碘甲烷浓度下，水浓度为给出最大的羰基化速率的浓度。"

该专利使用钌或锇作为助催化剂的铱基催化剂，具有以下优势：铱催化体系活性高于铑催化体系；铱的价格明显低于铑，在经济上更加具有竞争力；可在较低含水量（1%～6.5%）条件下操作，而孟山都工艺含水量为 14%～15%；该催化剂体系可以降低铱催化剂的挥发性；钌或锇助催化剂的使用可以在较低铱浓度下进行操作，可以减少副产物的生成；该催化剂体系在较低一氧化碳分压下也具有较高的反应速率。使用该专利技术，可大大改进传统的甲醇羰基化过程，削减生产费用高达 30%，节减扩建费用 50%。

（3）ZL97120806.9，专利权人：英国石油化学品有限公司　授权的权利要求 1 如下：

"制备乙酸的方法，该方法包括

① 将甲醇和/或它的活性衍生物和一氧化碳连续输入羰基化反应器，反应器含有液体反应混合物，它含有铱羰基化催化剂、甲基碘助催化剂、限制浓度的水、乙酸、乙酸甲酯和选择性地至少一种促进剂；

② 在液体反应混合物中用一氧化碳羰基化甲醇和/或它的活性衍生物以制备乙酸；

③ 从液体反应混合物中回收乙酸，在整个反应过程中连续保持：a. 液体反应混合物中水的浓度不大于 4.5%（质量分数），b. 在反应器中一氧化碳分压为 0～750kPa。"

该发明通过保持限制的一氧化碳分压在较低水浓度的液体反应混合物中得到较快的反应速率，并且使用较低的一氧化碳分压还降低了副产物例如丙酸的形成。通过控制一氧化碳分压，使得反应可在较低水浓度下快速进行，降低了后续步骤中需要耗费大量能量的水分离步骤。该发明还可以在较低铱催化剂浓度下进行。

（4）ZL98115522.7，专利权人：英国石油化学品有限公司　授权的权利要求1如下：

"在通过甲醇或其活性衍生物的羰基化作用生产乙酸的方法中所应用的一种催化剂体系，该催化剂体系包括

① 一种铱催化剂其浓度范围为 $(100\sim6000)\times10^{-6}$；

② 甲基碘其浓度范围为 $1\%\sim20\%$（质量分数）；

③ 包含钌与锇中的至少一种助催化剂，其中助催化剂与铱的摩尔比在 $(0.1\sim15):1$ 的范围内。"

本发明的使用钌与锇中的至少一种作为助催化剂，使得在一氧化碳分压较低的条件下也有高的反应速率，例如由于羰基化反应器中总压低、液体反应组合物中各组分的蒸汽压较高、由于在羰基化反应器中有高浓度的惰性气体（如氮气和二氧化碳）与传质限制的原因（如搅拌不好）导致液体反应组合物溶液中一氧化碳的有效浓度降低而导致反应速率降低时，本发明催化剂体系能够提高羰基化反应速率。此外，羰基化反应中铱催化剂具有挥发性，而本发明催化剂体系可以降低铱催化剂的挥发性。本发明催化剂体系通过提高羰基化反应的速率可以在较低的铱浓度下进行羰基化反应，并且有利于减少副产物的生成。

该项专利为 BP 公司 Cativa 工艺中的核心专利。由于 Cativa 工艺具有前述优点，给我国醋酸产业的发展设置了一定的风险。

（5）ZL99121775.6，专利权人：英国石油化学品有限公司　授权的权利要求1如下：

"一种控制一氧化碳进入反应器的方法，在该反应器中，经一个控制阀将一氧化碳进料，将甲醇和/或其反应性衍生物进料，以连续生产乙酸，保持该反应器中的液体反应组合物包括至少 5% 乙酸甲酯、至少 0.1% 水、$1\%\sim30\%$ 碘代甲烷、Ⅷ族贵金属催化剂、任选至少一种促进剂和组合物的余量的乙酸，该方法包括步骤：

a. 测定经过控制阀的一氧化碳流量；

b. 进行背景计算，得到按时间平均的一氧化碳流量；

c. 在按时间平均的一氧化碳流量上加上一个恒定量，得到一氧化碳最大允许流量；

d. 将包括计算的一氧化碳最大允许流量的信息输入到一个控制系统中，该系统的操作方式使得进入反应器的一氧化碳流量能够在任何时候都不超过计算的最大流量。"

一氧化碳的持续进料和未转化的乙酸甲酯反应物的存在，可能导致不可控制的放热，由此引起不希望的设备的自动跳闸，导致中断生产，还导致反应器吸收一氧化碳的不稳定性。为了控制反应，通常做法是排放一氧化碳并将其燃烧，这导致一氧化碳转化效率的损失。该发明通过控制一氧化碳进入反应器的方法，在高乙酸甲酯浓度下控制反应温度，避免无法控制的放热。该发明在高乙酸甲酯浓度下可以达到对工艺过程的良好控制，提高了设备的稳定性和可靠性。

（6）ZL99127743.0，专利权人：英国石油化学品有限公司　授权的权利要求1如下：

"一种连续生产乙酸的方法，即通过将甲醇和/或其反应衍生物和一氧化碳送入羰基化反应器中，其中保持了一种液体反应组合物，该组合物包括乙酸甲酯、水、第Ⅷ族贵金属羰基化催化剂、烃基卤化物共催化剂，任选至少一种助催化剂，以及乙酸，其中液体反应组合物中乙酸甲酯的浓度保持为一预定值，即通过监测甲醇和/或其反应衍生物与转化为乙酸的一氧化碳的比例并相应地调节甲醇和/或其反应衍生物的加料速率，从而使得乙酸甲酯的浓度保持在一预定值。"

在醋酸的生产过程中，由于产生的乙酸甲酯量的不断增加，反应活性下降很快，导致摩尔进料比的不平衡，从而产生如下操作问题：由于反应活性的降低，乙酸甲酯不能足够快地消耗掉，从而堆积在反应器和滗析器中，为了恢复反应需要大大降低加料速度，这样的生产损失非常昂贵。由于一氧化碳进料的减少或损失，由于甲醇以同样速率连续供给，相应产生乙酸甲酯的堆积。该发明通过监测甲醇和/或其反应衍生物与转化为乙酸的一氧化碳的比例并相应地控制甲醇和/或其反应衍生物的加料速率，进而控制反应器中液体反应组合物中乙酸甲酯的浓度，从而避免如上所述的操作问题。

（7）ZL03813044.0，专利权人：英国石油化学品有限公司　授权的权利要求1如下：

"通过在羰基化反应器内于液体反应组合物中羰基化甲醇和/或其选自乙酸甲酯、二甲醚和甲基碘的活性衍生物来制备乙酸的工艺，所述液体反应组合物包含铱羰基化催化剂、甲基碘、乙酸甲酯、水、乙酸，及至少一种选自钌、铼和锇的助催化剂，其特征在于反应组合物中还存在具有式（Ⅰ）的双膦酸酯化合物。

$$R^1-O-\underset{\underset{O}{\|}}{P}\overset{\overset{R^2-O}{|}}{\underset{}{}}-Y-\underset{\underset{O}{\|}}{P}\overset{\overset{Y\quad O-R^3}{}}{\underset{}{}}-O-R^4$$

其中 R^1、R^2、R^3、R^4 是氢、CH_3 或 $CH(CH_3)_2$；Y 为—CH_2—、—$(CH_2)_2$—或 C_6 芳基。"

在羰基化反应器中加入式（Ⅰ）的双膦酸酯化合物，能够降低低压尾气中的一氧化碳分压，同时保持催化剂的稳定性并使产生的丙酸副产物的量减少。

(8) ZL03813777.1，专利权人：英国石油化学品有限公司　授权的权利要求1如下：

"通过在羰基化反应区用一氧化碳将甲醇和/或选自乙酸甲酯、二甲醚和甲基碘的其活性衍生物羰基化来生产乙酸的方法，其中所述羰基化反应区含有液体反应组合物，所述组合物包含铱羰基化催化剂、甲基碘助催化剂、0.1%～20%的水、乙酸、乙酸甲酯，至少一种选自钌、铼和铼的促进剂以及选自碱金属碘化物、碱土金属碘化物、能够生成 I⁻ 的金属配合物、能够生成 I⁻ 的盐及其两种或多种的混合物的稳定化合物，其中促进剂与铱的摩尔比大于2∶1，并且稳定化合物与铱的摩尔比在（0～5）∶1的范围内，所述范围不包括0∶1，其中所述方法包括以下步骤：

① 从所述羰基化反应区排出液体反应组合物以及溶解的和/或夹带的一氧化碳和其他气体；

② 让所述排出的液体反应组合物通过一个或多个其他反应区来消耗至少一部分溶解的和/或夹带的一氧化碳；

③ 让来自步骤①和步骤②的所述组合物进入一个或多个闪蒸分离阶段来形成

a. 含有可冷凝组分和低压废气的蒸汽级分，其中可冷凝组分包含乙酸产物，低压废气含有被排出的液体羰基化反应组合物溶解的和/或夹带的一氧化碳和其他气体；

b. 包含铱羰基化催化剂、促进剂和乙酸溶剂的液体组分；

④ 从低压废气中分离出可冷凝组分；

⑤ 把来自闪蒸分离阶段的液体级分循环至羰基化反应器中。"

该专利为 BP 公司 Cativa 工艺的改进专利。本发明向催化剂体系中加入了稳定化合物碘化物，能够有效增加催化剂的溶解性，可以防止或者至少减轻工业生产液流中催化剂体系的沉淀。尤其是在乙酸产物回收中，避免了由于一氧化碳压力水平降低导致的催化剂体系从溶液中沉淀出来的可能性。

(9) ZL03822190.X，专利权人：英国石油化学品有限公司　授权的权利要求1如下：

"一种生产乙酸的方法，该方法是在至少一个含有液体反应组合物的羰基化反应区中用一氧化碳羰基化甲醇和/或其活性衍生物，该液体反应组合物包含铱羰基化催化剂、甲基碘助催化剂、一定浓度的水、乙酸、乙酸甲酯，至少一种选自钌、铼和铼的助催化剂以及至少一种选自铟、镉、汞、镓和锌的催化剂体系稳定剂，并且其中在液体反应组合物中铱∶助催化剂∶稳定剂的摩尔比保持在1∶（2～15）∶（0.25～12）。"

使用助催化的铱催化剂的羰基化方法中，助催化剂的浓度越高，反应的速率就越快，然而在使用较高浓度的助催化剂进行羰基化方法的情况下，催化剂体系（铱和助催化剂）可能发生沉淀。本发明通过在液体反应组合物中使用铟、镉、汞、锌和镓中的至少一种作为催化剂体系稳定剂，在保持或提高羰基化反应速率的同时，改进了催化剂体系的稳定性，本发明使得该方法可以在较低的助催化剂∶铱比例下进行，由此减少了所需的昂贵助催化剂的用量，并且可以在较低铱浓度下进行羰基化。

（10）ZL200480020623. X，专利权人：英国石油化学品有限公司　授权的权利要求 1 如下：

"一种通过使一氧化碳与甲醇、乙酸甲酯、二甲基醚和/或甲基碘在一种液态反应组合物中反应来生产乙酸的方法，该态反应组合物包括乙酸甲酯、浓度在 1%～15% 的范围内的水、乙酸以及一种催化剂体系，该催化剂体系包括铱羰基化催化剂，甲基碘助催化剂，任选的钌、锇、铼、锌、镓、钨、镉、汞和铟中的至少一种以及至少一种非氢卤酸促进剂，其中非氢卤酸促进剂选自含氧酸、超酸、杂多酸及其混合物。"

与仅仅使用金属助剂得到的速率相比，同时使用金属助剂和本发明非氢卤酸促进剂可以使羰基化反应速率提高。

上述十件专利中，ZL94115261.8、ZL96110366.3 和 ZL98115522.7（其中ZL94115261.8 和 ZL96110366.3 涉及工艺，ZL98115522.7 涉及催化剂）均为 BP公司 Cativa 工艺中的核心专利，ZL97120806.9、ZL99121775.6、ZL99127743.0、ZL03813044.0、ZL03813777.1、ZL03822190. X 和 ZL200480020623. X 均为针对Cativa 工艺的后续改进专利。Cativa 工艺于 1995 年末在 Sterling 公司的 Texas 城装置实现工业化，产能达到 45 万吨/年。BP 公司在英国 Hull 地区的醋酸装置采用 Cativa 工艺改进后，生产能力达到 74.5 万吨/年，该装置还应用于韩国 Ulsan的 BP/Samsung 装置。我国重庆扬子江乙酰化工有限公司和南京 BP 也在应用该工艺。由于 Cativa 工艺具有上述几项专利中所述的优点，并且上述几项专利从各个方面对 Cativa 工艺进行了保护，给我国醋酸产业的发展设置了一定的风险。

4.2.2.2　AO Plus 工艺和 Silverguard 工艺的改进

（1）ZL02804681.1，专利权人：塞拉尼斯国际公司　授权的权利要求 1 如下：

"一种生产乙酸的连续方法，其中该方法包括：

① 将甲醇与一氧化碳原料在容纳了催化反应介质的羰基化反应器中反应，同时，在所述反应进行的过程中，在所述反应介质中维持 0.1%（质量分数，下同）至最高小于 14% 的至少有限浓度的水和与此一起的

a. 在反应温度下溶于反应介质的盐，其量可以维持作为催化剂稳定剂或共助催化剂有效的、2%～20% 的浓度的离子型碘化物；

b. 1%～5% 的碘甲烷；

c. 0.5%～30% 的乙酸甲酯；

d. 铑催化剂；

e. 乙酸。

② 自所述反应器中排出所述反应介质的物流，并将该排出的介质的一部分在闪蒸步骤中蒸发。

③ 在主提纯装置中使用最多两个蒸馏塔将经闪蒸的蒸气蒸馏从而形成液体乙酸产物物流，同时提供一个或多个至所述反应器的循环物流。

④ 从所述液体乙酸产物物流中除去碘化物，从而使产物具有低于 10×10^{-9} 碘化物的碘化物含量，其中所述从乙酸产物物流中除去碘化物的步骤选自

a. 将所述液体乙酸产物残液物流与阴离子交换树脂在至少 100℃的温度下相接触，随后将所述液体乙酸产物物流与经银或汞交换的离子交换基底相接触，其中所述基底的至少 1% 的活性位点已经被转化为银或汞形式；

b. 将所述乙酸产物物流与经银或汞交换的离子交换基底在至少 60～100℃的温度下相接触，其中所述基底的至少 1% 的活性位点已经被转化为银或汞形式。"

该发明提供了一种在主提纯装置中最多使用两个蒸馏塔的低能量羰基化方法。通过从系统中除去醛或控制操作过程从而仅产生低含量的醛污染物及其衍生物（如有机碘化物）来控制醛的量。此外，通过高温离子交换树脂的方法除去高沸点碘化物，使产物表现出高纯度水平，降低了丙酸杂质含量。

（2）ZL200380107357.X，专利权人：塞拉尼斯国际公司　授权的权利要求 1 如下：

"一种通过催化的羰基化反应制造乙酸的方法，该方法包括使选自由甲醇、甲基碘、乙酸甲酯、二甲醚或其组合组成的组的化合物在存在一氧化碳和铑基催化剂体系的条件下在反应混合物中反应，其中该反应混合物包含低于 2.0% 的水，浓度至少 1000×10^{-6} 的选自由铑、铱和铱的组合组成的组的金属，浓度为 2%～20% 的碘离子以及浓度为 2.0%～30.0% 的卤素助催化剂。"

该发明涉及一种"低水"羰基化法的改进方法，由于"低水"羰基化法催化剂体系容易从反应混合物中沉淀出来，并且反应速率会不利地降低。本发明通过使用高浓度催化剂，利用碘化物盐共助催化剂与乙酸甲酯的协合作用，特别是它们在高乙酸甲酯浓度与高催化剂浓度下的协合作用，可以使反应速率达到并保持在非常高的水平。

塞拉尼斯 AO Plus 低水羰基化工艺和 Silverguard 工艺同样为醋酸工业中应用较为广泛的技术。塞拉尼斯 AO Plus 低水羰基化工艺的主要优势在于高收率，并且降低了投资和公用工程费用，Silverguard 工艺使用银金属离子交换树脂解决了高碘环境下的腐蚀问题，除去醋酸中的低量碘杂质。美国德州克莱尔湖的醋酸装置使用 AO Plus 低水羰基化工艺，产能达到了 120 万吨/年。虽然 AO Plus 低水羰基化工艺和 Silverguard 工艺的核心专利已经保护期届满，然而塞拉尼斯针对这两种工艺申请了一系列的后续专利，ZL200380107357.X 为已经实现工业化的塞拉尼斯"低水"羰基化工艺的后续改进专利。ZL02804681.1 为已经实现工业化的塞拉尼斯 Silverguard 工艺的后续改进专利。上述专利的存在对于我国醋酸工业的发

展设置了一定的障碍。

4.2.2.3　醋酸多联产工艺

（1）ZL03811652.9，专利权人：埃塞泰克斯（塞浦路斯）有限公司　授权的权利要求 14 如下：

"一种将原来的甲醇设备改造为生产甲醇以及含乙酸和可转化为乙酸的乙酸前体的产物的设备的方法，它包括

提供一个原来的甲醇设备，它具有至少一个用来转化烃形成至少含有氢、一氧化碳以及二氧化碳的未调节的合成气的重整器、用来冷却所述合成气气流的热回收设备、压缩所述合成气气流的压缩装置以及用来将所述合成气气流中至少一部分的氢气和一氧化碳转化为甲醇的甲醇合成装置；

使至少一部分所述来自一个重整器的未调节的合成气转向进入合成气分离装置中；

操作所述分离装置，将所述转向的合成气分离成为富含二氧化碳的气流、富含一氧化碳的气流和富含氢的气流；

使一种或多种来自所述分离装置的富含二氧化碳的气流、富含一氧化碳的气流和富含氢的气流受控地循环到所述甲醇合成装置中，使得与之结合的剩余的未调节的合成气产生 R 比例为 2.0～2.9 的调节的合成气，其中 R 比例为 $[H_2-CO_2]/[CO+CO_2]$；

安装乙酸反应器，使得至少一部分来自所述分离装置的富含一氧化碳的气流与至少一部分来自所述甲醇合成装置的甲醇反应，形成产物。"

由于市场条件会造成甲醇价格较低和/或天然气价格较高，会使生产甲醇无利可图。现有的甲醇厂家经常会面对是否继续无利可图地制造甲醇的抉择，本发明通过将乙酸制造设备和大容量甲醇制造设备结合，基于对乙酸和甲醇的经济方面的考虑，可以控制这两种产物的产量。该方法免去了建造主重整器所需的巨额投资成本。甲醇设备本身是一个"绿色"设备，碳的释放减少到接近于零。

当本发明用于改造现有的甲醇装置时，可以使用现有的装置和设备，如脱硫装置、包括废热回收的重整装置、合成气压缩机和循环器、水蒸气发生器、水处理装置、冷水系统、控制室和产品装载设施等。

（2）ZL200480040527.1，专利权人：埃塞泰克斯（塞浦路斯）有限公司　授权的权利要求 1 如下：

"一种制造甲醇和乙酸的方法，其特征在于，它包括以下一体化的步骤

① 将烃源分离成第一和第二烃流；

② 用水蒸气对所述第一烃流进行蒸汽转化生成转化流；

③ 将由转化流和第二烃流形成的混合物与氧和二氧化碳进行自热转化来形成合成气流；

④ 将所述合成气流的一小部分分离成富二氧化碳流、富氢流以及富一氧化

碳流；

⑤ 将所述富二氧化碳流再循环至自热转化步骤中；

⑥ 压缩合成气流的剩余部分以及至少一部分的富氢流，向甲醇合成回路提供补充流，以获得甲醇产物；

⑦ 由至少一部分所述甲醇产物和所述富一氧化碳流合成乙酸。"

本发明提供了一种制造甲醇、乙酸以及任选的乙酸乙烯酯单体等的方法，通过将这些化合物的各个制造过程进行一体化的特殊方式，可以降低用于大规模生产的巨大投资费用。

埃塞泰克斯（塞浦路斯）有限公司申请了一系列有关甲醇与醋酸联产的专利，这些专利包括 ZL03811652.9 和 ZL200480040527.1。通过将这些化合物的各个制造过程进行一体化的特殊方式，可以降低用于大规模生产的巨大投资费用。由于国内外市场的影响以及上下游产品的价格波动，醋酸、醋酸的上游产品甲醇的价格变化较大，这种一体化生产的特殊方式可以根据市场行情调节特定产品产量，从而使得生产企业实现利益最大化。埃塞泰克斯（塞浦路斯）有限公司的多联产专利对我国醋酸企业的发展具有一定风险。

4.2.2.4 托普索公司的合成气工艺

ZL97110543.X，专利权人：赫多特普索化工设备公司（托普索公司） 授权的权利要求 1 如下：

"通过将富含氢气和一氧化碳的合成气体催化转化来制备乙酸的方法，包含以下步骤：

① 将合成气体流导入预定压力和温度的第一反应步骤中，使合成气体在甲醇生成和甲醇脱氢中具有活性的催化剂存在下反应，以获得含有甲醇、甲醚和水的气态生产相；

② 将步骤①的气态生产相冷却，获得带有甲醇、甲醚和水的液相以及含有二氧化碳和残留量甲醚的气相；

③ 将步骤②中生成的液相导入预定压力和温度的第二反应步骤，并加入预定量的一氧化碳；

④ 通过与在用一氧化碳将醇和醚羰基化中具有活性的催化剂接触，在液相中用一氧化碳将甲醇和甲醚羰基化；

⑤ 从步骤④的流出物中回收主要包含乙酸产物的产物流。"

该发明不需要使用外源的甲醇作为原料。解决了甲醇和一氧化碳同时生产时为了达到可接受的转化率，甲醇合成所需的反应压力必须显著高于随后的乙酸合成步骤中采用的压力的缺点。

该工艺是托普索合成气两步法工艺的改进专利，托普索合成气两步法醋酸工艺已经实现了工业化，该项专利的存在对我国合成气两步法生产醋酸设置了一定的障碍。

4.2.2.5　汽相羰基化

（1）ZL200580006409.3，专利权人：英国石油化学品有限公司　授权的权利要求 1 如下：

"用于通过将一氧化碳与含有醇和/或其反应性衍生物的进料相接触制备羰基化产物的羰基化工艺，所述工艺在汽相中进行，使用含有一种或多种选自 Cu、Fe、Ru、Os、Co、Rh、Ir、Ni、Pd 和 Pt 的金属阳离子的非均相杂多酸催化剂，其特征在于进料中还存在至少 0.5％的水（质量分数）。"

该专利在汽相羰基化进料中加入水，提高了甲醇转化率和产物乙酸的选择性，提高了使用含有一种或多种金属阳离子的杂多酸催化剂的非均相羰基化工艺中催化剂的活性。

（2）ZL99816164.0，专利权人：伊斯曼化学公司　授权的权利要求 1 如下：

"由一种反应物生产酯和羧酸的汽相羰基化方法，所述方法包括在羰基化反应器的羰基化区使反应物与一氧化碳接触，并在汽相条件下与催化剂接触，该催化剂具有含载体材料上的 0.01％～10％（质量分数）的铂的第一组分和含卤化物的汽状的第二组分；其中所述反应物选自具有 1～10 个碳原子的烷基醇、具有 3～20 个碳原子的烷基亚烷基聚醚、具有 3～10 个碳原子的烷氧基链烷醇和它们的混合物。"

该发明提供了一种使用铂作为唯一金属成分的更稳定的催化剂，具有较小的挥发性和溶解性，减少了催化剂回收和循环以及溶剂回收的必要性。对于甲醇的汽相羰基化反应而言，铂催化剂的活性几乎是 Ni 或 Pd 的 30 倍。

（3）ZL01807718.8，专利权人：伊斯曼化学公司　授权的权利要求 1 如下：

"一种可用于由包括低级烷基醇、醚、酯、由醇制备的衍生物、烯烃及其混合物的反应物制备酯、羧酸和羧酸酐的羰基化方法的催化剂组合物，所述催化剂包括催化有效量的选自铁、钴、镍、钌、铑、钯、铱、铱、铂、锡及其混合物的活性金属，这些活性金属与碳化的多磺化二乙烯基苯-苯乙烯共聚物缔合。"

该发明涉及一种用于甲醇及其衍生物羰基化的固相催化剂。该发明通过将第Ⅷ族金属、锡及其混合物与含有碳化的多磺化二乙烯基苯-苯乙烯共聚物缔合来制备羰基化催化剂，该催化剂保持装载于活性炭上的金属催化剂的高活性，同时具有与硬载体（例如无机氧化物）有关的更高的结构完整性和一致性，可以有效地再循环使用。本发明催化剂可以应用于液相羰基化或汽相羰基化反应条件。

（4）ZL02808458.6，专利权人：伊斯曼化学公司　授权的权利要求 1 如下：

"一种适合以蒸气相羰基化方法，从包括低级烷醇、产生低级烷醇的组合物和它们的混合物的反应剂，生产酯类和羧酸的固态羰基化催化剂，所述的催化剂包括固态成分和催化有效量的气态成分，前者包括与固态催化剂载体材料结合的各个作为金属 0.01％～10％（质量分数）的铂和锡成分，后者包括卤化物促进剂，其中金属的质量分数以固体负载成分的总重量为基准。"

该发明提供了一种具有固相成分的汽相羰基化催化剂，与包含铂作为唯一活性金属的催化剂相比，铂-锡催化剂反应速率明显提高。本发明一个优点在于，与其他活性催化剂例如 Ir 和 Rh 比较时，铂和锡是不易挥发和不易溶解的，因此在进行羰基化的过程中，不可能从催化剂载体上脱离。在不存在铑的情况下，铂和锡的结合证明了它们对低级烷醇、醇类的醚衍生物、醇类的酯衍生物和酯-醇混合物蒸气相羰基化生产酯类和羧酸的催化活性。

（5）ZL02809092.6，专利权人：伊斯曼化学公司　授权的权利要求 1 如下：

"一种用于汽相羰基化过程中，由包含低级烷基醇、所述醇的醚和酯的衍生物及其混合物的反应剂，生产酯和羧酸的羰基化催化剂体系，所述催化剂包括一种固体组分和一种汽相卤化物组分，所述固体组分包括 0.01%～10%（质量分数，下同）的铱组分和 0.01%～10% 的锡组分，其中该质量分数基于金属铱和锡的量，所述铱和锡均与活性炭载体材料结合，所述汽相卤化物组分选自 I_2、Br_2、Cl_2、卤化氢、气态氢碘酸、多达 12 个碳原子的烷基和芳基卤化物及其混合物。"

本发明提供了一种用于甲醇的汽相羰基化的固体气相催化剂组合物，在活性炭上载有铱和锡的固体载体催化剂，明显比仅由铱、载于二氧化硅载体或氧化铝载体上的铱和锡制成的催化剂更有效。而且，很意外的是，铱和锡结合使用竟能提高活性，特别是因为更传统的羰基化的铑催化剂与锡结合使用时，其活性的下降多达 30%。

（6）ZL02812106.6，专利权人：伊斯曼化学公司　授权的权利要求 1 如下：

"一种用于由包括低级烷基醇和产生低级烷基醇的组合物的反应物在汽相羰基化工艺中生产酯和羧酸的固体羰基化催化剂，该催化剂包含具有 0.1%～10% 的选自铂和钯的Ⅷ族金属和 0.1%～10% 的钨的固体组分，并且其中所述金属与选自碳的固体催化剂载体材料接合。"

具有在活性炭上的铂和钨的固体承载催化剂明显比仅衍生自铂的催化剂更活性。另外惊人的是，钨的促进作用在 6 族（Cr，Mo，W）金属中是独特的。钨也可明显促进钯催化反应。本发明的催化剂在基本上不存在其他Ⅷ族化合物和尤其是包含铑、铼和铱的化合物时具有商业可接受的羰基化速率。

上述专利中，ZL200580006409.3 和 ZL99816164.0 涉及甲醇汽相羰基化工艺，ZL01807718.8、ZL02808458.6、ZL02809092.6 和 ZL02812106.6 涉及汽相羰基化催化剂，汽相羰基化工艺目前尚未实现工业化，目前对我国醋酸工业的发展没有风险，然而，汽相羰基化一旦实现工业化，我国应当注意这些专利的存在。

上述专利中，ZL01807718.8 中的催化剂可以应用于液相羰基化反应，也可以应用于汽相羰基化反应，具有良好的通用性，因而值得我国醋酸行业关注。

4.2.2.6　其他重要专利

（1）ZL95105600.X，专利权人：大赛璐化学工业株式会社　授权的权利要求如下：

"一个制备乙酸的方法，该方法包括：在含有铑催化剂、甲基碘化物、一种碘盐、乙酸甲酯和水的反应液存在下，用一氧化碳在第一反应器内对甲醇进行羧基化作用，同时，将反应液连续地从第一反应器内抽出、引入第二反应器，并将其粗乙酸混合物引入闪蒸区，从而分离成可蒸发成分和不可蒸发成分，其特征在于，在第一反应器和闪蒸区之间装有第二个反应器，并且在第二个反应器内，在停留时间为 7～60s，温度为 150～220℃ 的条件下，以溶解状态存在于反应液中的一氧化碳与甲醇进行羧基化反应。"

本发明涉及在以一氧化碳为起始物料制备乙酸的工艺中，有效利用一氧化碳的方法。本发明通过将反应液连续地从不断加入一氧化碳的反应器中抽出，并使一氧化碳在没有一氧化碳加入的情况下发生反应，这些以溶解状态存在于反应液中的一氧化碳能被转化成乙酸。通过这种方式利用溶解状态的一氧化碳，避免了现有技术中通过各种方式分离回收利用一氧化碳。

一氧化碳的有效利用对于甲醇羧基化过程非常重要，虽然该专利不会对醋酸企业产生风险，国内醋酸生产企业仍然应当关注该专利的存在。

（2）ZL99119765.8，专利权人：赫多特普索化工设备公司（托普索公司）授权的权利要求 1 如下：

"一种制备乙酸的方法，包括

① 在含有对羧基化具有活性的催化剂的均相溶液中，羧基化甲醇、DME 或其具有反应活性的衍生物；

② 同时，收集参加反应的各组分，并且基本上汽提出未反应的一氧化碳、氢气和惰性气体，让存留的组分参加反应；

③ 于②步骤的同时，从至少部分存留的参加反应的组分中蒸馏出乙酸产品，并且补加在羧基化步骤中生成乙酸而减少的参加反应的各存留组分。"

该发明提供了在蒸馏塔中同时合成和纯化乙酸产物的方法，优点在于采用反应蒸馏作用，利用乙酸的低挥发性，从反应区中有效地将乙酸产物移出。在设备上的优点在于用反应蒸馏塔代替了传统技术上的系列操作单元，例如羧基化反应搅拌反应器、闪蒸器、轻馏分塔、脱水塔、LP 吸收塔、泵和管道。本发明与已知方法相反，催化剂溶液不需要进行闪蒸，闪蒸操作导致明显的一氧化碳分压降低，引起催化剂的失活和沉淀。由于传统方法中导致在闪蒸器中形成湿气，从而在蒸馏系统的排出物流中形成含有催化剂的微滴，采用本发明的反应蒸馏的方式消除了闪蒸操作造成的催化剂损失。该发明除了用反应蒸馏塔代替传统技术中的几个操作单元之外，蒸馏塔可以在整个塔中以相同压力运转，这就允许汽提步骤和乙酸蒸馏步骤可以在蒸馏塔中与以羧基化步骤相同的压力下进行，从而可以在蒸馏塔中同时进行乙酸的制备和纯化。此外，通过向低于反应区的塔盘输送含氧物料，碘化氢在甲醇的存在下有效地转化为碘甲烷，这有效地避免了碘化氢在反应区的聚积。

由于该专利的上述优点，虽然该专利不会对醋酸企业产生风险，国内醋酸生产企业仍然应当关注该专利的存在。

（3）ZL99101723.4，专利权人：英国石油化学品有限公司　授权的权利要求1如下：

"一种制备乙酸的无水方法，该方法是在含至少一种作为催化剂的周期表第Ⅷ族贵金属，作为助催化剂的卤代化合物和作为催化剂稳定剂的碘化物盐的催化剂系统存在下，通过将甲醇和/或二甲醚与含一氧化碳和氢的气态反应物反应，其中，氢的含量低于9%（摩尔分数），该方法包括，将甲醇和/或二甲醚与气态反应物一起加到羰基化反应器中，该反应器中含液体反应组合物，该组合物含1%～35%（质量分数，下同）的乙酸甲酯，0.1%～8%的乙酸酐，3%～20%的卤代化合物和（1～2000）×10^{-6}的第Ⅷ族贵金属催化剂，足以提供0.5%～20%I^{-1}形式碘的碘化物盐，含残留组合物的乙酸。"

该发明提供了一种制备乙酸的无水方法，不仅消除了昂贵的除水步骤，还可基本上减少或者消除乙酸-乙酸酐分离步骤的需要，减少或者消除了酯化部分，提高羰基化速度，减少或者消除了不需要的聚合物的产生，减少非酸性副产品例如异丙基亚酮的产生速率，减少亚乙基乙二酸酯的产生，减少或消除副产羧酸例如丙酸的联产。

由于水对甲醇羰基化液相工艺的重要影响，这种无水工艺具有显著的工业意义，给我国醋酸产业的发展带来了一定的风险。

（4）200580043496.X，专利权人：英国石油化学品有限公司　授权的权利要求1如下：

"一种生产乙酸的催化剂体系，其包含铑羰基催化剂、甲基碘和至少一种杂多酸助催化剂。"

在杂多酸的存在下，可以实现羰基化速率的显著增加。此外，还可通过将杂多酸添加到碘化锂促进的铑催化剂上实现速率的增长。

该专利提供了一种使用非氢卤酸助催化剂的催化剂体系，该催化剂体系基本不含碱金属碘化物、碱土金属碘化物、能够产生I$^-$的金属配合物和能够产生I$^-$的盐。

由于高碘环境导致设备的腐蚀问题，并且产物醋酸中的低量碘杂质也对后续应用产生不利影响，这种非氢卤酸助催化剂能够解决生产和产品中碘的存在所引发的问题，并且在杂多酸的存在下，可以能够实现羰基化速率的显著增加。该专利保护范围较宽，具有良好的工业化前景，可能会对中国的醋酸产业带来风险。

4.2.3　潜在侵权风险

重要待授权专利见表4-4。

表 4-4 重要待授权专利

申请号	发明名称	申请日	申请人	国家	状态
200410095782.8	用于乙酸和甲醇一体化制造的自热重整方法	2004-11-12	埃塞泰克斯（塞浦路斯）有限公司	塞浦路斯	复审/创造性
200680009537.8	包括至少一种金属盐作为催化剂稳定剂的乙酸制备方法	2006-2-10	塞拉尼斯国际公司	美国	实质审查/支持
200680017537.2	通过担载离子液相催化作用进行的连续羰基化方法	2006-5-19	丹麦科技大学	丹麦	实审/部分创造性
200780003864.7	醋酸的制备方法	2007-1-10	英国石油化学品有限公司	英国	实质审查/支持
200780003865.1	醋酸的制备方法	2007-1-10	英国石油化学品有限公司	英国	实质审查/创造性
20078000386.6	醋酸的制备方法	2007-1-10	英国石油化学品有限公司	英国	实质审查/创造性
200880021895.X	具有减少的催化剂损失的用于羰基化的改进的方法和装置	2008-4-14	塞拉尼斯国际公司	美国	等待实审提案
200980115410.8	用富含乙酸的闪蒸物流将甲醇羰基化的方法与装置	2009-4-23	塞拉尼斯国际公司	美国	等待实审提案
200980121909.X	乙酸和氨的制造方法	2009-11-30	大赛璐化学工业株式会社	日本	等待实审请求
201010249818.9	制备乙酸和甲醇的一体化方法	2004-1-22	埃塞泰克斯（塞浦路斯）有限公司	塞浦路斯	实质审查/支持

下面分类对上述待授权的申请的潜在侵权风险进行分组分析。

4.2.3.1 BP 公司 Cativa 工艺的改进

（1）200780003864.7，申请人：英国石油化学品有限公司 权利要求 1 如下：

"醋酸的制备方法，其通过甲醇和/或其反应性衍生物与一氧化碳在至少一个含有液体反应组合物的羰基化反应区进行羰基化反应，该组合物包括羰基化催化剂铱、助催化剂碘甲烷、一定浓度的水、醋酸、醋酸甲酯和作为促进剂的钌以及铌和钽中的至少一种。"

通过在铱催化羰基化制备醋酸的方法中使用铌，能减少液态和气态副产物的量，因此在保持反应速率的同时，醋酸的选择性得到提高。

（2）200780003865.1，申请人：英国石油化学品有限公司 权利要求 1 如下：

"醋酸的制备方法，其通过甲醇和/或其反应性衍生物与一氧化碳在至少一个含有液体反应组合物的羰基化反应区进行羰基化反应，该组合物包括羰基化催化剂铱、助催化剂碘甲烷、一定浓度的水、醋酸、醋酸甲酯和作为促进剂的铟和铼。"

通过利用铟和铼促进的铱催化剂体系，可以避免对于促进剂钌的需要，同时能维持满意的羰基化反应速率。此外，本发明的催化剂体系还具有环保效益，这是由于与钌促进的铱催化剂体系相比，其毒性降低。

（3）200780003866.6，申请人：英国石油化学品有限公司 权利要求1如下：

"醋酸的制备方法，其通过甲醇和/或其反应性衍生物与一氧化碳在至少一个含有液体反应组合物的羰基化反应区进行羰基化反应，该组合物包括羰基化催化剂铱、助催化剂碘甲烷、一定浓度的水、醋酸、醋酸甲酯和作为促进剂的硼和镓。"

通过利用硼和镓促进的铱催化剂体系，可以避免对于促进剂钌的需要，同时能维持满意的羰基化反应速率。此外，本发明使用的硼/镓/铱催化剂体系与钌促进的催化剂体系相比，成本降低。本发明的催化剂体系还具有环保效益，这是由于与钌促进的铱催化剂体系相比，其毒性降低。

200780003864.7、200780003865.1和200780003866.6均为针对Cativa工艺的后续改进申请。由于Cativa工艺的前述优点，这三件申请的存在对我国醋酸工业的发展具有一定的潜在风险。

4.2.3.2 塞拉尼斯AO Plus低水羰基化工艺的改进

（1）200680009537.8，申请人：塞拉尼斯国际公司 权利要求1如下：

"一种通过催化羰基化反应制备乙酸的方法，所述方法包括在一氧化碳和包含下列物质的铑基催化剂体系的存在下，使选自烷基醇和其反应性衍生物的化合物在反应混合物中反应：铑；卤素助催化剂；碘化物盐共助催化剂，其浓度使得所产生的碘离子浓度大于反应混合物的3%（质量分数，下同）；选自钌盐、锡盐及其混合物的金属盐稳定剂；其中所述反应混合物包含0.1%～14%水。"

钌盐、锡盐或其混合物稳定了铑基催化剂体系，使得铑在乙酸产物的回收过程中的沉淀达到最小，特别在乙酸回收方案的闪蒸单元中。即使在低水含量的反应混合物中制备乙酸，铑基催化剂体系的稳定性仍能实现。金属盐稳定剂可以与其他催化剂稳定剂以及助催化剂组合。

该发明涉及一种AO Plus低水羰基化法的改进方法，上述专利的存在对我国醋酸工业的发展具有一定的潜在风险。

（2）200980115410.8，申请人：塞拉尼斯国际公司 权利要求1如下：

"用于生产乙酸的羰基化方法，该方法包括

① 在第Ⅷ族金属催化剂和甲基碘促进剂存在下，将甲醇或其反应性衍生物羰基化，以生产包括乙酸、水、乙酸甲酯和甲基碘的液体反应混合物；

② 将该液体反应混合物喂入到保持在减压下的闪蒸容器内；

③ 加热闪蒸容器，同时并流闪蒸反应混合物，以生产粗产物蒸气物流，其中选择该反应混合物，并控制流入到闪蒸容器内的反应混合物的流速以及供应到闪蒸容器内的热量，以便粗产物蒸气物流的温度保持在大于300℉的温度下和在粗产物蒸气物流内的乙酸浓度大于该物流的70%。"

适中的热量输入到闪蒸容器内可大大地增加粗产物物流内的乙酸浓度，降低纯化和循环要求。

（3）200880021895.X，申请人：塞拉尼斯国际公司　权利要求 1 如下：

"一种羰基化方法，包括

① 在第Ⅷ族金属催化剂和卤代烷促进剂组分的存在下羰基化一反应物，以在反应器中形成羰基化的产品反应混合物；

② 将所述羰基化的产品反应混合物的流分成至少第一液体再循环流和粗过程流；

③ 将所述粗过程流馈送给轻质馏分柱；

④ 蒸馏所述粗过程流以移除低沸组分并生成纯化的过程流，以及可选，第二液体再循环流，其中步骤①、②、③和④被控制，使得所述纯化的过程流具有小于 $100×10^{-9}$ 重量的第Ⅷ族金属含量；

⑤ 用包括含氮杂环重复单元的聚合物处理所述具有小于 $100×10^{-9}$ 重量的第Ⅷ族金属含量的纯化的过程流，所述聚合物操作在所述聚合物上多价螯合所述纯化的过程流中存在的所述第Ⅷ族催化剂金属。"

通过首先生成具有小于 $100×10^{-9}$ 重量的催化剂金属的过程流，并用具有含氮杂环重复单元的聚合物处理所述过程流，可提供用于在羰基化过程中回收金属催化剂的方便且有效的方法。由于催化剂以低浓度存在，可使用适度尺寸的聚合物床，而无需不断更换聚合物。此外，本发明方法和装置使贵重的催化剂能够回用并再利用，否则，贵重的催化剂将因夹带和/或挥发而损失。

200680009537.8、200980115410.8 和 200880021895.X 均为针对塞拉尼斯 AO Plus 低水羰基化工艺的后续改进申请。由于 AO Plus 低水羰基化工艺的前述优点，这三件申请的存在对我国醋酸工业的发展具有一定的潜在风险。

4.2.3.3　醋酸多联产工艺

（1）200410095782.8，申请人：埃塞泰克斯（塞浦路斯）有限公司　权利要求 1 如下：

"一种制造甲醇和乙酸的方法，其特征在于，它包括以下一体化的步骤

将烃气流与氧气、水蒸气和二氧化碳进行自热重整，生产合成气流；

将一部分所述合成气流分离成为富含二氧化碳的气流、富含氢的气流和富含一氧化碳的气流；

将所述富含二氧化碳的气流循环到自热重整步骤中；

压缩剩余部分的合成气流与至少一部分富含氢的气流，将 SN 为 2.0～2.1 的补充气流供给到甲醇合成循环中，得到甲醇产物；

由至少一部分所述甲醇产物和所述富含一氧化碳的气流合成乙酸。"

该申请是提供了一种制造甲醇和乙酸的一体化方法，通过将这些化合物的各个制造过程进行一体化的特殊方式，可以降低用于大规模生产的巨大投资费用。

(2) 201010249818.9，申请人：埃塞泰克斯（塞浦路斯）有限公司　权利要求1如下：

"一种制造甲醇、乙酸和选自乙酸乙烯酯单体、氢化精练流和其组合的另一种产品的方法，其特征在于，它包括以下一体化的步骤

① 将烃源分离成第一和第二烃流；

② 用水蒸气对所述第一烃流进行蒸汽转化生成转化流；

③ 将由转化流和第二烃流形成的混合物与氧和二氧化碳进行自热转化来形成合成气流；

④ 将所述合成气流的一部分分离成富二氧化碳流、富氢流以及富一氧化碳流；

⑤ 将所述富二氧化碳流再循环至自热转化步骤中；

⑥ 压缩合成气流的剩余部分以及至少一部分的富氢流，向甲醇合成回路提供补充流，以获得甲醇产物；

⑦ 由至少一部分所述甲醇产物和所述富一氧化碳流合成乙酸；

⑧ 用合成的乙酸作为反应物，共用来自公用空气分离单元的氧，共用公共设施，或者它们的组合，来运行乙酸乙烯酯单体合成回路。"

该申请是200480040527.1的分案申请，提供了一种制造甲醇、乙酸以及任选的乙酸乙烯酯单体等的方法，通过将这些化合物的各个制造过程进行一体化的特殊方式，可以降低用于大规模生产的巨大投资费用。

(3) 200980121909.X，申请人：大赛璐化学工业株式会社　权利要求1如下：

"一种制造羧酸和氨的方法，该方法包括由一氧化碳和醇制造羧酸的羧酸制造步骤，和由氢和氮制造氨的氨制造步骤，其中，包括从合成气体（A）分离一氧化碳和氢的一氧化碳/氢分离步骤，以及使合成气体（B）进行变换反应制造氢的变换反应步骤，并且在上述羧酸制造步骤中，使用从上述合成气体（A）分离的一氧化碳来制造羧酸，在上述氨制造步骤中，使用从上述合成气体（A）分离的氢和经上述变换反应步骤得到的氢来制造氨。"

提供既能降低二氧化碳发生量，即降低作为合成气体原料的碳质材料（例如，煤）用量，有效地利用制造氨时副产的氧，同时又能以控制比例制造羧酸和氨的方法。

通过将这些化合物的各个制造过程进行一体化的特殊方式，可以降低用于大规模生产的巨大投资费用，此外，这种一体化生产的特殊方式可以根据市场行情调节特定产品产量，从而使得生产企业实现利益最大化，这三件申请的存在对我国醋酸工业的发展具有一定的潜在风险。

4.2.3.4　汽相羰基化工艺

200680017537.2，申请人：丹麦科技大学　权利要求1如下：

"一种在气相中、有催化剂存在的条件下、利用一氧化碳使可羰基化反应物进行连续羰基化的方法，其中所述的催化剂是一种担载离子液相催化剂（SLIP），所

述催化剂包含负载到载体上并存在于离子液体中的Ⅷ族金属溶液。"

该申请使用了一种担载离子液相催化剂（SLIP），可以提供高效的催化活性表面，以确保催化剂的高效利用，避免了催化剂的分离。SILP 催化剂比先前的催化剂体系需要更少量的昂贵金属材料和离子液体。由于催化剂效率的增加，可以减少昂贵催化剂材料的需要，还可以使用更小尺寸的反应器。

汽相羰基化工艺目前尚未实现工业化，目前对我国醋酸工业的发展没有风险，然而，如果汽相羰基化一旦实现工业化，这件申请对我国醋酸工业的发展具有一定的潜在风险。

4.3　乙二醇专利风险分析

由于我国"富煤、缺油、少气"的能源结构不同于世界其他国家，所以，就目前而言，只有中国在大力发展煤化工。具体到煤制乙二醇领域，利用煤作为原料生产乙二醇可以部分缓解我国乙二醇严重依赖进口的问题，为我国能源选择多样化创造条件，目前全球范围内只有中国在大量进行该技术的研究与开发，而其他传统的技术大国如美国、日本在该领域均涉足较浅，这些国家将精力主要投放到石油路线制备乙二醇技术中；并且，目前全球范围内也只有中国存在工业化放大的煤制乙二醇项目。由此可见，煤制乙二醇技术具有明显的地域特点，基本上不存在技术出口问题，因而，本课题仅就国外来华专利申请进行侵权风险分析。

4.3.1　专利侵权风险

如前所述，在 5 件国外来华专利申请中，仅有一件获得中国专利授权且仍然处于有效状态，该件专利的授权专利号为 ZL200480037694.0，发明名称为制备乙醇醛的方法，专利权人为荷兰的国际壳牌研究有限公司，申请日为 2003 年 12 月 16 日，授权公告日为 2008 年 11 月 19 日，公告号为 CN100434412C，共有 11 件同族专利申请，分别为 WO2005058788A1、EP1697291A0、AU2004298446B2、MX259738B、BRPI0417643A、KR20060117345A、JP4474419B2、US7449607B2、US7511178B2、RU2371429C2、CA2549456A。

该专利共有 3 项独立权利要求，分别为权利要求 1、权利要求 8 和权利要求 10。

（1）独立权利要求 1　一种制备乙醇醛的方法，它包括，在催化剂组合物存在下，将甲醛与氢和一氧化碳反应，所述催化剂组合物基于铑源和下列通式的配体。

$$R^1P{-}R^2 \tag{Ⅰ}$$

其中，R^1 是二价基，该二价基与它连接的磷原子一起是 2-磷杂三环［3.3.1.1 ｛3，7｝］癸基，其中 6、9 和 10 位的碳原子已被氧原子置换，和其中 1、3、5 或 7 位中一个或多个位置被 1～6 个碳原子的基取代；而且其中，R^2 是一价基，它选自具有 4～34 个碳原子的烷基和下列通式的基：

$$—R^3—C(O)NR^4R^5 \qquad\qquad (\text{Ⅱ})$$

其中，R^3是亚甲基、亚乙基、亚丙基或亚丁基，而且R^4和R^5独立地表示苯基或具有$1\sim22$个碳原子的烷基。

（2）独立权利要求8　可通过将下列组分结合而获得的催化剂组合物铑源，下列通式的配体。

$$R^1P—R^2 \qquad\qquad (\text{Ⅰ})$$

其中，R^1是二价基，该二价基与它连接的磷原子一起是2-磷杂三环［3.3.1.1 {3，7}］癸基，其中6、9和10位的碳原子已被氧原子置换，和其中1、3、5或7位中一个或多个位置被$1\sim6$个碳原子的基取代；而且其中，R^2是一价基，它是具有$4\sim34$个碳原子的烷基或者一价基，R^2是下列通式的基：

$$—R^3—C(O)NR^4R^5 \qquad\qquad (\text{Ⅱ})$$

其中，R^3是亚甲基、亚乙基、亚丙基或亚丁基，而且R^4和R^5独立地表示苯基或具有$1\sim22$个碳原子的烷基，以及任选的阴离子源。

（3）独立权利要求10　一种制备乙二醇的方法，它包括，通过权利要求$1\sim7$任一项的方法制备乙醇醛，然后将所述乙醇醛氧化。

从以上各独立权利要求可以看出，该件专利所保护的技术属于甲醛氢甲酰化法的范畴。由前述的甲醛氢甲酰化技术发展历程可知，该技术分为一步合成和两步合成两种方式，其中，两步合成又分为乙醇醛的合成和乙醇醛的氢化两个阶段。该专利所保护的技术为甲醛氢甲酰化法的两步合成技术中的乙醇醛合成步骤，发明点在于 Rh 基催化剂。一方面，国内的技术重点和工业化都集中在合成气氧化偶联法制备乙二醇路线上，与本件专利所涉及的技术范畴不同；另一方面，即使国内进行甲醛氢甲酰化法的研究开发，由于本件专利将 Rh 基催化剂的配体限定至一个很小的保护范围，所以国内申请人很容易通过选用其他配体而避免发生侵权问题。因此，该件专利的侵权风险较低。

4.3.2　潜在侵权风险

如前所述，在 5 项国外来华专利申请中，有 1 项专利申请仍然处于在审状态，另外还有 2 项由中科院大连化物所和英国石油共同提交的 PCT 申请处于在审状态。

表 4-5 显示了这 3 项专利申请的基本著录信息。

表 4-5　重要待授权国外来华专利申请基本信息

申请号	发明名称	申请日	申请人	同族	合成路线
200880118889	用于制备 1，2-二醇的氢化工艺	2007-11-30	伊士曼化工公司	WO2009073110A1 US7615671B2	甲醛羰基化法之乙醇醛的氢化；甲醛氢甲酰化法之乙醇酸（酯）的氢化

申请号	发明名称	申请日	申请人	同族	合成路线
200880129363	生产羟基乙酸的方法	2008-05-20	中科院大连化物所 & 英国石油	WO2009140788A1 EP2297079A1 US2011166383A1	甲醛氢甲酰化法之乙醇酸的合成
200980128535	乙醇酸的生产方法	2008-05-20	中科院大连化物所 & 英国石油	WO2009140850A1 WO2009140787A1 EP2294045A0 US2011144388A1	甲醛氢甲酰化法之乙醇酸的合成

（1）200880118889.6，共有 1 项独立权利要求 1，技术方案如下　1,2-二醇的制造工艺，其包括在氢化条件和催化剂组合物的存在下，将除了草酸及其酯之外的 1,2-二氧化有机化合物与氢接触以制备 1,2-二醇，所述催化剂组合物包含：①钌化合物；②三价磷化合物，其选自 1,1,1-三（二芳基膦甲基）烷基或取代烷基；③促进剂，其选自路易斯酸、电离常数（K_i）为 $5×10^{-3}$ 以上的质子酸、鏻盐和它们的混合物；其中，所述催化剂组分①～③溶于有机溶剂中。

由此可见，该件专利申请所要求保护的技术属于甲醛羰基化法或甲醛氢甲酰化法中第二步骤，即氢化阶段的范畴，其发明点在于使用特定的 Ru 基催化剂。如上所述，一方面，我国在煤制乙二醇领域的技术重点和工业化都集中在合成气氧化偶联法制备乙二醇路线上，与本件专利申请所涉及的技术范畴不同；另一方面，本件专利申请已将所用的钌基催化剂限定至一个很小的保护范围，所以即使国内进行相关技术的研究开发，国内申请人也容易通过选用其他加氢催化剂而避免发生侵权问题。因此，该件专利申请的潜在侵权风险较低。

（2）200880129363.8，共有 1 项独立权利要求 1，技术方案如下　生产羟基乙酸的方法，包括使一氧化碳和甲醛与包括包封在沸石的孔内的酸性多金属氧酸盐化合物的催化剂接触，其特征在于该沸石具有比该酸性多金属氧酸盐化合物大的笼，以及具有其直径比该酸性多金属氧酸盐化合物的直径小的孔。

（3）200980128535.4，共有 1 项独立权利要求 1，其技术方案如下　一种生产乙醇酸的方法，其包括：任选在溶剂存在下，将一氧化碳和甲醛与包含固体酸的催化剂接触，所述方法的特征在于该固体酸是不溶于甲醛、乙醇酸和所述任选的溶剂中的酸性多金属氧酸盐化合物并且在外表面上具有大于 $60\mu mol/g$ 的酸性位点浓度和/或具有小于 -12.8 的 Hammett 酸度值。

200880129363.8 和 200980128535.4 都是中科院大连化物所与英国石油的联合申请，都属于甲醛氢甲酰化法中乙醇酸的合成步骤范畴，同时二者的发明点也都在于使用特定的氢甲酰化催化剂。同理，我国在煤制乙二醇领域的技术重点和工业化集中点的不同以及这两件专利申请限定范围较小，都使得国内申请人容易通过选用其他技术而避免发生侵权问题。因此，这两件专利申请的潜在侵权风险也都较低。

第 **5** 章
煤基化学品专利分析的主要结论

5.1 二甲醚专利分析的主要结论

5.1.1 二甲醚专利基本态势

5.1.1.1 全球专利

① 国外二甲醚申请起步早，近十年，尤其是 2006 年以后，申请量和发明人迅速增长，中国专利申请主导这一轮的增长。

从全球范围看，二甲醚领域的申请起始于 1968 年，20 世纪七八十年代申请量较少，直到 1996 年达到一个小高峰，随后申请量不断攀升，2008 年达到最高峰，其中 2006 年以后的申请占二甲醚全球专利总申请量的近一半。

发明人的数量变化总趋势与申请量历年变化趋势类似，2001 年以后发明人增加幅度变大，新增发明人增幅超过已有发明人增幅，2008 年发明人数量达到最高峰，近十年越来越多的人参与该领域的研究。

在 2006 年以后的全球申请中，中国申请占 5 成多，中国专利申请主导这一轮的增长。

② 2006 年以后，二甲醚专利申请活跃的区域主要集中在中国、美国、日本和欧洲；美、日、德申请早，中、日、美申请量大；美、欧专利输出能力强，中、日本国申请多，专利出口少。

美国是二甲醚领域研究最早的国家，专利申请起始于 1968 年，随后是日本和德国，中国首次专利申请比美国晚 20 多年。

中国申请量后来居上，在全球排第一位，超过全球总申请量的 1/3；日本第二，申请量不到全球总申请量的 3 成；美国第三，申请量不到全球总申请量的 1成。二甲醚领域的全球申请主要集中在中、日、美三个国家，三国申请量接近全球总申请量的 80％。

2006 年以后，二甲醚领域专利申请活跃的区域主要集中在中国、美国、日本和欧洲，这四个国家或地区的申请占同期全球申请的 9 成多；美国和欧洲向其他国家申请专利量大，技术输出能力强，中国和日本多是本国申请，专利技术输出较少。

③ 二甲醚全球专利排名前十的申请人被日、中、美、丹麦包揽，中国企业专利申请与国外企业有较大差距。

排名前十的申请人被日、中、美、丹麦包揽，其中日本 4 席，中国 3 席，美国 2 席，丹麦 1 席；前三甲分别为日本钢管株式会社、中石化、日本出光兴产石油株式会社。

丹麦托普索公司他国申请比例为 100％，专利输出能力最强；美国气体产品与化学和美孚公司，他国申请 7 成左右，专利输出能力次之；日本四家公司的平均他国申请比例接近 2 成，专利输出能力较弱；中国申请人平均他国申请比例刚刚超过 1 成，专利输出能力最差。

排名前十位的申请人中，仅有两家科研院所，均是中国申请人，其他国家都是公司类型的申请人，中国企业的科研能力和专利意识与国外企业有较大差距。

④ 二甲醚研究的技术领域集中于已有研究领域，新增技术主题少。

二甲醚领域的研究主要集中于二甲醚制备和燃料用途两个已有领域，新增技术主题很少，突破性研究或开拓性发明较少，对于二甲醚的研究还有待不断地开拓新的技术主题。

⑤ 二甲醚全球专利技术集中度不高，没有形成少数几家公司垄断专利的局面。

二甲醚领域的研究还处在活跃期，技术集中度不高，拥有 20 项以上申请的申请人的申请量总和在全球专利申请量中所占比重不到 1 成，拥有 5 项以下申请的申请人的申请量总和在全球专利申请量中所占比重超过 7 成，该领域没有形成专利技术垄断的局面。

5.1.1.2　中国专利

总体来看，二甲醚领域的中国专利申请集中于制备和燃料用途的研究，国内申请量远远大于国外来华申请，专利成果保护较好，专利存活率高，但改进型发明多，开拓型发明少，从趋势、区域、申请人和技术方面呈现出不同特点。

① 二甲醚领域的中国专利申请起步晚、发展快、申请量大、有效率高，发明专利申请占绝大多数，国内申请在数量上占绝对优势。

二甲醚领域的中国专利申请起步晚，始于 1985 年，比全球首次申请晚 17 年；八九十年代申请量变化不大，近十年，尤其是"十一五"期间申请量激增，占中国二甲醚总申请量近 2/3，2008 年达到顶峰高达 95 项，其中中国的专利申请占同期全球专利申请量一半以上，预计今后一段时期中国二甲醚专利申请还将保持居高不下的态势。

国外来华申请人于 1985 年开创了二甲醚中国专利申请的先例，但年申请量一直没有较大的起伏，数量均维持在个位数。

国内首次申请为 1992 年，比国外来华晚 7 年，从 2000 年以后申请量开始快速发展，国内申请总量是国外来华申请总量的 7 倍多，在申请量上相对于国外申请人占有绝对优势。

② 中国是二甲醚专利申请和研究的热点，国外来华专利申请策略各不相同，国内申请跟风改进现象较多，缺乏相应的专利规划和策略。

二甲醚涉及能源领域，对煤炭资源的依赖程度较高，世界范围内，尤其是在中国对二甲醚技术的研究和竞争很激烈，从专利申请的区域分布上看，中国申请量占全球二甲醚申请总量的 1/3 强，2006 年以后增至一半以上，中国已经成为二甲醚的研究和生产大国。

国外来华专利策略各有特点：欧美注重工业技术的逐步推出和专利策略的连续性，每隔 3～5 年推出一个新的技术点，意欲从技术上优先占领制高点，专利有效率高，内容涉及工业规模的工艺技术较多，但申请量少，没有形成专利包围圈；日本对华申请重量不重质，其在全球范围内对外申请量少，但在国外来华申请中申请量超过欧美，排在第一位，但其有效专利较少。

我国的二甲醚专利申请从表面看量质均可，国内申请量占中国总申请量的近 9 成，专利有效率和存活率均高于国外来华的平均值，但整体缺乏系统性和专利策略。生产企业最多的为华中地区，申请量最多的却为华东地区，生产区域和技术研究空间分离；技术和专利发展的规划性较差，突破性技术提出少，跟风改进发明数量多；但也有一些综合效率高，有产业发展价值的专利申请，能够与国外来华申请形成有力竞争。

③ 国内申请人排名遥遥领先，但创新主体的类型与国外来华存在明显差异。

从排名上看，国内申请人占绝对优势，排名前十的申请人中仅有一个外国申请人，其申请量仅居第十位；排名前三甲的申请人分别是中石化、华东理工大学和大连化物所；中石化申请量遥遥领先，是第二位申请量的近 3 倍，成为该领域专利申请的领军人物。

从申请人类型对比上看，国内外具有明显的差异：国外创新主体绝大部分是公司，申请量接近 9 成，科研院所申请很少且仅涉及实验室阶段的理论基础研究；国内创新主体几乎呈公司、科研院所和个人三足鼎立的局面，申请量均在 3 成左右。

除中石化和杭州林达以外，二甲醚制备领域的技术力量大部分集中于以华东理工大学和大连化物所等为代表的科研院所当中，科研院所和公司联合申请很少，仅占 4%。暴露出产、学、研脱钩的弊病，不利于科技成果向产业技术的转化，会延缓产业技术创新的步伐。

从不同技术主题的申请人对比上看，三类主题的申请人重合度不高，尤其是二甲醚制备工艺和催化剂主题的申请人与设备主题的申请人在排名前几位中，除华东理工大学外没有相同申请人。暴露出我国基础研究、工艺研究和工程设计之间联合较少，技术配套较差，离现代工业一体化的目标还有差距的现状。

从二甲醚产业上下游申请人对比上看，个人申请主要集中在下游燃料用途领域，占个人申请总量的 60％以上；公司申请人相对于科研院所对上游制备技术的创新和专利保护意识不及下游产品，下游燃料用途领域的公司申请是科研院所申请量的 2 倍多，而上游制备领域的公司申请仅为科研院所申请的 85％。反映出我国企业在二甲醚制备阶段研发投入少，对下游产品兴趣高，重视眼前利益，缺乏长远规划的现状。

上游的二甲醚生产企业对下游产品及其用途的专利保护重视不够，申请量少，燃料用途领域排名前十的申请人中仅泸天化和久泰两家生产企业，申请质量不高，视撤率高达 50％。国外申请人对下游的燃料用途很重视，尤其是日本气体合成株式会社和法国道达尔公司。

④ 我国二甲醚的制备依赖煤，主要集中于两步法和一步法两条工艺路线。

两步法国外来华起步早，但申请量少没有形成专利包围圈，国内申请起步晚，改进型发明多，其中有一些产业上有价值的改进可以与国外专利抗衡；一步法国内外技术水平相当，国内申请有望与国外来华形成强劲竞争。

我国制备二甲醚的原料主要依靠以煤为源头的原料，包括甲醇、合成气、甲烷、二氧化碳和水煤气五种；其中甲醇占一半以上，用于两步法制备二甲醚，合成气、甲烷、二氧化碳和水煤气既可以用于一步法制备二甲醚，也可以用于两步法制备二甲醚。

二甲醚制备领域的申请主要集中于两步法和一步法两条工艺路线，两步法研究起步早，前期由国外来华申请领军，国内申请量大，主要集中在"十一五"期间，其申请量接近一步法申请量的 2 倍，已经实现工业化，研究方向集中于现有工艺的改进；一步法研究起步晚，申请量少，国内和国外技术发展水平相当，催化剂和设备难题未突破，还处在研究阶段。

两步法申请重工艺，工艺申请占两步法申请的一半以上，催化剂改性价值不高，目前已经形成了产业规模的气相法和液相法。气相法包括固定床、流化床和浆态床三种工艺，其中固定床工艺是主流，占气相法的一半以上，早期由国外来华申请主导，但数量少，没有形成专利包围圈，国内研究集中在工业规模的改进上；2006 年以后流化床工艺增长迅速，未来有望与固定床工艺充分竞争。以液体酸为催化剂的传统液相法仅存在国内申请，除久泰的复合酸技术外，其余已经逐步淘汰；以固体酸为催化剂的催化精馏法是液相法新的技术热点，目前专利申请集中于大连化物所和美国催化蒸馏公司。

一步法申请中工艺和催化剂并驾齐驱，各占四成以上，国外来华申请偏重工艺研究；一步法工艺包括醇醚联产、固定床、流化床和浆态床工艺，固定床工艺国内研究多，醇醚联产工艺国外来华申请多，浆态床和流化床工艺国外来华约占1/4；一步法工艺研究主要集中在固定床和浆态床工艺，分别占工艺申请的四成以上；一步法采用双功能催化剂，其研究集中于组分改性，未取得突破性进展。

无论哪种工艺路线，设备申请均呈现出量少、质差的态势；两步法设备申请不到两成，实用新型申请较多，技术含量较低，申请内容未涉及工业大型成套设备；一步法设备申请占一成，装置大型化难题未解决。

⑤ 国外来华申请专利技术侧重点各不相同，欧美重工艺，日本重用途，法日联合值得关注。

欧洲侧重于二甲醚工业规模的工艺流程设计，近期以丹麦托普索公司为代表，内容涉及一步法醇醚联产工艺；此外，欧洲还涉及二甲醚下游燃料用途的专利保护，以法国道达尔公司为代表，内容涉及二甲醚-液化气复合燃料的应用。

美国目前的重点是两步法催化精馏工艺的研究和一步法浆态床工艺的研究，分别以催化蒸馏公司和气体产品与化学公司为代表。

日本侧重于二甲醚下游燃料用途的专利保护，以日本气体合成株式会社为代表，内容涉及二甲醚在液化气中的用途。

韩国侧重于催化剂的改进，以 SK 株式会社为代表。

南非侧重于煤制油和二甲醚的联产，为煤化工多联产提供了良好借鉴。

以法国道达尔和日本丰田株式会社、日本石油资源开发株式会社等为代表的多家日本大财团联合申请了 2 项一步法制备二甲醚的工艺，该组合财团已经在国外建设了大型二甲醚制备装置，其对中国一步法制备二甲醚预期乐观。

⑥ 二甲醚燃料用途领域的申请质量相对较差，但国外来华申请技高一筹，授权率和有效率均高于国内申请。

二甲醚燃料用途的研究热点集中在民用燃料和车船燃料上，尤其是二甲醚掺混的液化气复合燃料已经实现了从专利技术向市场的转化。

国内申请人在二甲醚燃料用途领域的申请量多，申请量是国外来华的 8 倍多，但个人申请占一半以上；国内申请在该领域的专利质量低于二甲醚领域的平均水平，授权率和有效率与国内二甲醚申请的平均水平相差二十几个百分点；但国外来华申请在二甲醚燃料用途领域技高一筹，与国外来华二甲醚申请的平均水平持平，授权率和有效率均比国内高。

5.1.2 侵权风险状况

（1）两步法　二甲醚的生产是设备、工艺、催化剂、流程等多个要素相结合的整套技术，目前我国采用的两步法生产二甲醚的整套技术不会对国外来华专利构成侵权；但是在某些重要技术要素上需要通过寻找替代技术或其他技术要素的变化来避免侵权，同时催化蒸馏技术具有工业化前景，应当引起高度重视。

（2）一步法　一步法生产二甲醚的技术是目前国内外的研究热点，丹麦托普索公司技术基础扎实，已经在我国获得专利权，法国道达尔公司联合日本多家石油公司也在中国进行了专利布局，它们的专利或申请，需要高度重视密切关注。

（3）燃料用途　此外，法国道达尔公司已经在二甲醚掺混液化气方面获得了中国专利（CN 101827919B），我们应当密切关注。

5.1.3　主要结论和措施建议

由上述二甲醚的专利分析结果，得出了如下结论和建议。

① 在全球范围内，中国已经成为二甲醚研究和生产大国，但我国企业尤其是大型生产企业对二甲醚制备的研发投入少，缺乏长远规划，民营企业和地方企业自主创新势头上涨，有望成为创新主体的领军人物。

从二甲醚专利申请的数量和增长态势上看，我国已经成为世界首屈一指的二甲醚研究和生产大国，但专利分析的结果表明我国企业申请人的数量远远低于国外来华申请，而且公司申请人，尤其是年产 50 万吨级以上的产业大户，例如神华集团、中煤集团、大唐电力，在专利申请人排名中都没有上榜，他们对二甲醚制备阶段的研发投入少，自主研发和创新能力较弱，技术引进的依赖程度高，缺乏长远规划，这种状况极不利于建设创新型社会。应当鼓励这些大型企业自主创新，做好技术发展和专利规划，逐步摆脱对国外的技术依赖。

另一方面，一些新兴的高新技术企业，例如新奥集团、久泰能源集团和地方性生产企业，例如泸天化集团，对二甲醚的研发投入较大，对专利重视程度较高，申请量较多；这些企业将自主创新的专利成果应用于生产当中，节约了成本，降低了能耗，形成了具备市场竞争力的核心技术，例如久泰的混酸液相法制备二甲醚的专利，成为久泰公司的独家技术，他们在今后的积累和发展中极有可能成为二甲醚领域的领军创新主体。

② 产、学、研脱钩，基础研究、工程设计各自为政，设备短板难克服，离工业一体化有差距。

从二甲醚的专利分析可以看出，我国的二甲醚产业具有明确的中国特色的技术分工。一方面，除中石化和杭州林达以外，二甲醚制备领域的技术力量大部分集中于科研院所当中，科研院所和公司联合申请很少。反映出生产企业介入前期研发过程较少，由于资金、人员、设备等条件的制约，导致科研成果向产业技术的转化难度大的问题。应当鼓励生产企业，尤其是大型生产企业，与科研实力较强的科研院所联合研发，生产企业出钱，出设备，科研院所出人，出技术，齐心协力加快二甲醚产业发展的步伐。

另一方面，三类技术主题的申请人重合度不高，尤其是二甲醚制备工艺和催化剂主题与设备主题的申请人在排名前几位中几乎没有相同的。与我国的生产情况类似，生产企业和科研院所只负责技术研发和基础研究，设备研究和工程设计由工程设计公司独立完成。由于这些分工之间缺乏协调和合作，造成技术发展和工程设计分离，导致二甲醚生产设备大型化和生产流程设备一体化成为国内二甲醚技术发展的制约因素，不利于二甲醚大型化和工业一体化的推进。应当充分发挥行业协会等行业组织的资源优势，为生产企业、科研院所和工程设计公司牵线搭桥，建立长期合作关系，加大设备配套的开发力度，提升技术配套和设备一体化的能力。

③ 两步法项目上马过于集中，一步法产业技术和知识产权储备尚不到位。

"十一五"期间，两步法制备二甲醚的申请量剧增，改进型发明占大多数，同期在北方等产煤地区也陆续上马了许多大型二甲醚项目，这些项目都是利用成熟的两步法工艺生产二甲醚。但这些生产企业所处地区交通不发达，物流成本过高，水资源相对贫乏，从经济角度和环境角度来看，均不是最佳选择。因此从产煤地区的环境容量和国家的长远利益考虑，产煤区应当禁止新上马两步法制备二甲醚项目；已建的两步法制备二甲醚项目，应当不断地进行技术改进，朝节能减排的方向迈进。

目前，我国已经出现了一批一步法制备二甲醚的专利申请，与国外来华申请技术水平相当，具备一步法技术研究基础。应当做好一步法的知识产权储备，积极构建专利池，在技术工业化之前专利先行，争取竞争中的主动权。在产煤地区鼓励一步法制备二甲醚的技术研发，在有条件的地区先行示范，做好一步法制备二甲醚的产业技术储备。

④ 储备甲醇心脏原料，做到未雨绸缪。

由专利分析和我国产业发展的现状可以看出，目前我国二甲醚生产主要依靠甲醇原料。甲醇被许多学者称之为煤化工的心脏，是现今工业上制备二甲醚的唯一原料，是打破石油垄断的重要血液，因此，要平稳发展煤化工，尤其是二甲醚能源化工，必须做好甲醇的储备工作。建议在华东和华南地区，尤其是长三角、珠三角及环渤海湾地区等有港口或水路的地区，建立甲醇储备基地，从各地采购甲醇，尤其是利用其港口优势采购廉价的进口甲醇。

5.2 醋酸专利分析的主要结论

5.2.1 醋酸专利基本态势

5.2.1.1 全球专利

① 全球专利申请总体呈现迂回上升态势，各个年度专利申请量变化较大；醋酸领域发明人比较活跃，然而新增技术主题不多，研究主题相对较为稳定，表明醋酸领域技术创新活动较为活跃，缺乏革命性的专利进展。

② 原创专利申请量集中于传统工业国家，中国最近三年研究最为活跃；醋酸专利申请仍然主要集中于传统醋酸大型企业和研究院所；美国、欧洲和日本比较重视对外专利布局，韩国和中国对外申请比重较低。

③ 醋酸的研究主要集中于醋酸工艺和醋酸催化剂；我国近三年在新的领域做出了研究。

④ 在全球领域，不管是申请人代码数量还是专利申请量，都是以国外申请人为主；国外申请人比较注重对外技术输出；醋酸领域世界范围内专利申请人的专利申请集中度一般；全球范围内，各个年份主要的申请人为外国申请人。

5.2.1.2　中国专利

① 醋酸领域以发明专利为主，实用新型比例很低，PCT 比例较高；醋酸领域的专利申请呈总体上升趋势；醋酸领域专利授权率较高。

② 国外来华申请人申请量占有较大比重，有效专利量占有更大的比重；国外来华申请人专利保护意识非常强烈；在全国范围内，技术研究和实际生产存在着较为严重的脱节。

③ 醋酸领域的研究热点在于工艺和催化剂；国内申请主要关注于催化剂的研究，对醋酸工艺的关注度较低。国外来华申请人更加注重在醋酸工艺领域的布局；甲醇羰基化是工业上应用最为广泛的制备方法；甲醇羰基化工艺专利申请以液相羰基化为主；催化剂主要是铑基催化剂和铱基催化剂。

④ 外国申请人对中国醋酸的关注程度较高；我国国内申请人以科研院所为主体，国外来华申请公司申请占绝大多数；在醋酸工艺方面，外国申请人申请量占主导地位，掌握核心技术；在醋酸催化剂方面，我国申请人占主导地位；在醋酸设备和装置方面，我国申请人占主导地位，不过很少涉及集成化装置，也没有涉及关键反应器的材料和制造技术等关键技术。

5.2.2　侵权风险状况

5.2.2.1　国外工艺已经就其实现工业化的技术在华申请专利

对于 Cativa 工艺，英国石油化学品公司已经在中国申请了专利 ZL94115261.8、ZL96110366.3 和 ZL98115522.7（其中 ZL94115261.8 和 ZL96110366.3 涉及工艺，ZL98115522.7 涉及催化剂），针对 Cativa 工艺的改进和优化，还申请了一系列的后续改进专利，包括，ZL97120806.9、ZL99121775.6、ZL99127743.0、ZL03813044.0、ZL03813777.1、ZL03822190.X 和 ZL200480020623.X，这些专利最早的将于 2014 年 9 月 10 日到期，最晚的保护期至 2024 年 6 月 22 日。塞拉尼斯分别就"低水"甲醇羰基化和 Silverguard 工艺在中国申请了专利 ZL200380107357.X 和 ZL02804681.1。针对合成气工艺，托普索公司在中国申请了 ZL97110543.X。这些专利的存在对我国醋酸产业的发展构成威胁，我国醋酸工业应当注意这些专利。

5.2.2.2 国外公司比较注重醋酸与甲醇等上下游产品的联产

埃塞泰克斯（塞浦路斯）有限公司申请了一系列有关甲醇与醋酸联产的专利，包括 ZL03811652.9 和 ZL200480040527.1，将乙酸制造设备和大容量甲醇制造设备结合，基于对乙酸和甲醇的经济方面的考虑，可以控制这两种产物的产量。该方法免去了建造主重整器所需的巨额投资成本，碳的释放减少到接近于零。

5.2.2.3 对于潜在工业化的专利技术，国外工艺已经进行了专利布局

虽然汽相羰基化还没有实现工业化，然而由于其具有的潜在优势，国外公司已经在中国就汽相羰基化进行了专利布局，英国石油化学品有限公司申请了涉及工艺的专利 ZL200580006409.3，伊斯曼化学公司在中国申请了专利 ZL99816164.0、ZL01807718.8、ZL02809092.6、ZL02812106.6 和 ZL02808458.6。这些专利中，尤其重要的是 ZL02808458.6，该专利中的催化剂既可以应用于汽相羰基化，又可以应用于液相羰基化。

5.2.2.4 我国已经形成了具有自主知识产权的工业化专利技术

对于甲醇羰基化工艺，我国西南化工研究设计院从 1972 年起进行甲醇羰基合成醋酸技术的研发，最终完成了 20 万吨/年醋酸工业装置工艺软件包设计，并于 1999 年获得专利权，形成了我国具有自主知识产权的工业化专利技术。西南化工研究设计院醋酸技术已经向大庆油田甲醇厂、兖州煤矿集团公司、江苏索普（集团）公司、山东华鲁恒生集团有限公司等企业转让，这两个装置建成，表明我国已掌握甲醇羰基合成醋酸的技术，我国甲醇羰基化工艺方面掌握了具有自主知识产权的工业化专利技术。

对于甲醇羰基化催化剂，我国醋酸生产用催化剂顺二羰基二碘铑长期依赖进口。2001 年，江苏索普（集团）有限公司与中国科学院化学研究所建立了"C_1 化学联合实验基地"，共同开发的甲醇羰基合成工艺生产醋酸用催化剂——"一种正负离子双金属催化剂及其制备方法和应用"，荣获第十届中国专利奖金奖。目前，该项技术已申请专利 30 余项，并形成完整的自主知识产权催化剂体系。我国在甲醇羰基化催化剂方面，同样掌握了具有自主知识产权的工业化专利技术。

5.2.3 主要结论和措施建议

① 由于国外醋酸公司对中国市场和资源的关注，已经完成对中国醋酸领域的专利布局，企业在进行醋酸生产时应当注意国外专利布局。

② 醋酸的发展需要上、下游产业作为支撑。

由于醋酸的成本与上游产业相关，醋酸企业应当注意向上游延伸，实现甲醇与醋酸的联产。应注意申请相关专利。

此外，我国醋酸工业已进入了生产与消费大体平衡的时期，现有的醋酸生产企业基本上完成了对国内市场的划分，形成了相对固定的消费地区和群体。因此，

国内企业在稳固现有市场基础上应转变到细分市场的开发，即通过研究醋酸应用的潜在新市场，来拓展醋酸产品的出路。

③ 新建醋酸装置大型化、集成化，并申请相关专利。

国内应加快规模化甲醇羰基化法装置的建设，关闭落后的乙炔法和小型乙醇法装置。从醋酸工业的发展趋势来看，醋酸装置的规模将成大型化趋势。经测算，同为甲醇羰基合成醋酸工艺，60 万吨/年醋酸装置较 20 万吨/年规模的单位成本降低 200～300 元/吨。此外，装置规模的大型化能稳定产品质量。

此外，在发展大规模的甲醇羰基合成装置的基础上，还应在醋酸上下游产品链上作文章，建设集成化醋酸装置，科学发展，理性竞争。

新建醋酸装置大型化和集成化，能够有效提高醋酸企业竞争力，转变产业发展方式，实现工业转型升级，并且有利于醋酸企业的长远发展，有利于国家的宏观调控，有利于参与国际市场竞争。

④ 加大并且重视醋酸反应器的研究。醋酸反应器是羰基合成醋酸工艺中最关键的核心设备，直接决定着醋酸的产量和质量。但由于其工艺的特殊要求，对材料和制造技术要求都非常严格，我国羰基合成法使用的醋酸反应器大多依赖进口。我国应当加大并且重视醋酸反应器的研究。

⑤ 鼓励企业加强企业技术中心等研发机构建设，发挥企业的创新主体作用。

技术是企业竞争力的核心，国家应当鼓励企业加大创新投入，为企业技术研发提供全面政策支持，推动产学研结合，提升企业技术水平。无论是塞拉尼斯还是 BP 公司，这些公司能成为跨国行业巨头的核心竞争力就是技术。在国内醋酸市场饱和的情况下，这些公司仍敢于投资中国，快速增长的市场只是一个方面，更重要的是有很多的下游产品生产技术仍掌握在他们手里，他们不愁自己富裕的产能消化不掉。

⑥ 推进醋酸领域技术创新战略联盟建设，建立健全协同创新的新机制，推动产业关键和共性技术研究。依托龙头企业，建立"产、学、研、用"相结合的开放技术平台，协同研发新技术，共享技术成果，促进产业整体技术水平的提升。

⑦ 关注醋酸生产节能降耗、高效催化剂等新技术、新工艺的应用，进一步降低成本，提高核心竞争力。弥补我国石油资源不足，实现煤的清洁利用，缓解能源使用和环境污染的矛盾这一世界难题。

5.3　乙二醇专利分析的主要结论

5.3.1　乙二醇专利基本态势

5.3.1.1　全球专利现状

① 从全球专利申请量方面讲，煤制乙二醇五十年的发展历程共经历两次大发

展时期和一次低谷期；目前，中国是该领域专利技术的主力军。

20世纪70年代中后期～80年代中前期，石油价格的不断上涨致使以日本、美国为首的世界各国纷纷改变能源和化工原料战略，从而将煤制乙二醇领域带入第一次大发展时期。随后，20世纪80年代中后期～21世纪初，国际油价的部分回落、煤制乙二醇技术工业化进程受阻，导致该技术进入低谷期。近年来，随着中国对该领域重视程度的增加，对煤制乙二醇技术的研究重新活跃并再次进入大发展阶段。

目前全球范围内只有中国还在大量进行该技术的研究与开发，也只有中国存在工业化放大的煤制乙二醇项目，而其他传统的技术大国如日本、美国都将主要精力投放到石油路线制备乙二醇技术中。我国"富煤、缺油、少气"的能源结构决定煤制乙二醇技术在我国的未来若干年内还将保持高速的发展态势，预期专利申请量将不断增加。

② 日本、美国和中国分列该领域专利申请量排名的前三甲，申请量总和占全球专利申请总量的90%以上；近三年，全球专利申请绝大部分来自于中国，占近三年全球专利申请总量的98.6%。

以日本、美国为首的发达国家或地区在该领域的专利申请出现较早，但却主要集中于技术发展的前期和中期，20世纪80年代中期之后便逐渐撤出该领域。作为该领域的新兴力量，中国在煤制乙二醇领域的专利申请出现较晚，但却后来居上并主导该领域全球专利申请的第二次快速增长。

③ 煤制乙二醇技术共包括9种合成路线；目前，合成气氧化偶联法是该领域最为主要也是唯一有望实现工业化的合成路线。

全球专利申请所涉及的9条煤制乙二醇分支路线包括合成气氧化偶联法 [183项（1974～2010）]、合成气直接合成法 [94项（1967～1987）]、甲醛氢甲酰化法 [26项（1975～2010）]、甲醛羰基化法 [13项（1974～2010）]、甲醇甲醛合成法 [9项（1980～1985）]、甲醇脱氢二聚法 [5项（1981～1989）]、甲醛电化学加氢二聚法 [2项（1979～1989）]、甲醛自缩合法 [2项（1982～1990）] 以及二甲醚氧化偶联法 [1项（1986）]。

随着技术的不断发展，目前只有合成气氧化偶联法、甲醛氢甲酰化法、甲醛羰基化法三种合成路线仍然处于专利申请的活跃状态。这三种路线相比较，合成气氧化偶联法具有原料来源广泛、价格低廉、反应条件温和、催化剂选择性高且稳定性好、所得产品质量好、污染少等优点，是目前唯一处于工业化放大研究阶段的合成路线。

④ 日本、美国和中国的申请人占据主导地位，且各主要申请人的技术关注点不尽相同；近三年，来自日本、美国的主要申请人大多撤出该领域。

在该领域全球专利申请中，申请量排名前十位的申请人分别是日本的日本产业技术综合研究所 [AGENCY OF IND & TECHNOLOGY，CPY：AGEN，61

项（1980～1987）]、日本的宇部兴产株式会社 [UBE，CPY：UBEI，46 项（1974～2003）]、美国的联合碳化公司 [UNION CARBIDE CORP，CPY：UNIC，43 项（1967～1988）]、中国的中国石油化工集团公司 [CHINA PETRO-CHEMICAL CORP，CPY：SNPC，30 项（2008～2010）]、日本的三菱瓦斯化学株式会社 [MITSUBISHI GAS CHEM，CPY：MITN，14 项（1975～1982）]、美国的大西洋里奇菲尔德公司 [ATLANTIC RICHFIELD CO，CPY：ATLF，12 项（1975～1982）]、中国的上海焦化有限公司 [SHANGHAI COKING & CHEM CORP，CPY：SHAN-N，10 项（2006～2009）]、美国的雪佛隆公司 [CHEVRON，CPY：CALI，8 项（1976～1983）]、日本的三井石油化学工业株式会社 [MITSUI PETROCHEM IND，CPY：MITC，8 项（1980～1981）]、中国的天津大学 [UNIV TIANJIN，CPY：UTIJ，8 项（1996～2010）]。并且，该领域的重要专利申请大多出自上述主要申请人之手，申请人所拥有的专利申请数量基本能够反映其技术实力的强弱。目前需要重点关注的申请人为日本的宇部兴产株式会社。

其中，排名第一位的日本产业技术综合研究所、排名第三位的美国联合碳化公司以及排名第八位的日本三井石油化学工业株式会社都将研发精力集中在合成气直接合成法上。排名第二位的日本宇部兴产株式会社、排名第四位的中国中石化、排名第六位的美国大西洋里奇菲尔德公司、排名第七位的中国上海焦化以及排名并列第八位的中国天津大学均只涉足申请量最大的合成气氧化偶联法领域。其中日本的宇部兴产株式会社在该技术上已经实现中试，拥有一套 6000t/a 的中试装置，但至今仍未实现大规模工业化。

⑤ 煤制乙二醇领域全球专利申请技术集中度高。

该领域全球专利申请总量的 1/2 强掌握在排名前五位的申请人手中。

5.3.1.2　中国专利现状

① 煤制乙二醇领域中国专利申请时间集中。

中国专利申请主要集中于 2007～2011 年，这期间的申请量之和占该领域中国专利申请总量的 88.5%，预计未来申请量仍将持续走高。

中国的专利申请始于 1985 年。在随后的二十年间年均申请量不超过 2 项，处于长期低迷状态。2006 年，中国的经济发展进入"十一五"时期，在国家政策的引导下，国内煤制乙二醇领域迅速发展，专利申请量迅猛上扬。随着石油资源的日益减少，国际油价日益上涨，煤制乙二醇技术的成本优势逐步显现。在这样的时代背景下，国内对于煤制乙二醇技术的研发和投资热情势必将持续下去，预计该领域的中国专利申请量在未来若干年内仍将持续走高。

② 来自国内申请人的专利申请居于主导地位。

在煤制乙二醇领域的中国专利申请中，无论是申请时间还是申请数量，或是申请质量，国外来华专利申请（美国 3 项、日本 1 项、欧洲 1 项）都不占据任何优势。中国申请人占该领域中国专利申请总量的 95.6％，带领中国煤制乙二醇领域迅速发展的主力军来自国内，具体为上海、北京、天津等经济发展程度相对较高的地区。

③ 合成气氧化偶联法是最主要的合成路线。

中国的煤制乙二醇技术主要涉及 4 种合成路线；其中，与全球专利申请状况相同，合成气氧化偶联法是最主要的合成路线，申请量占中国专利申请总量的 92.0％，且发明点集中于工艺和催化剂的改性研究。

中国专利申请所涉及的 4 种煤制乙二醇合成路线为合成气氧化偶联法（104 项）、甲醛羰基化法（6 项）、甲醛氢甲酰化法（2 项）、甲醇脱氢二聚法（1 项）。

在申请量最大的合成气氧化偶联法中，56 项专利申请涉及草酸酯的合成、55 项专利申请涉及草酸酯的氢化。目前，第一步骤技术已相对成熟，业界对于合成气氧化偶联法的研究兴趣已从原来的草酸酯合成技术转移到草酸酯催化加氢技术上，预计未来的专利申请重心将偏向于第二步骤。

无论是草酸酯合成步骤还是草酸酯氢化步骤，发明点都集中在催化剂的改性方面。草酸酯合成步骤催化剂以铂系金属元素如钯为主成分，并通过加入碱金属（如 K）、碱土金属（如 Mg、Ca、Ba）、第ⅢA 族金属（如 Al、Ga）、第ⅣA 族金属（如 Sn）、过渡金属（如第ⅣB 族的 Ti、Zr，第ⅤB 族的 V、Nb，第ⅥB 族的 Cr、Mo、W，第ⅠB 族的 Cu、Ag、Au，第ⅡB 族的 Zn，第ⅦB 族的 Mn、Re，第Ⅷ族的 Fe、Ru、Os、Co、Rh、Ir、Ni、Pt）、镧系金属（如 La、Ce）而进行改性。草酸酯氢化步骤催化剂以铜作为主成分，并通过加入主族金属（如碱金属 Na、K，碱土金属 Mg、Ca、Ba，第ⅢA 族的 B、Al、Ga）、过渡金属（如第ⅣB 族的 Ti、Zr，第ⅤB 族的 V，第ⅥB 族的 Cr、Mo，第ⅦB 族的 Mn，第ⅠB 族的 Ag，第ⅡB 族的 Zn，第Ⅷ族的 Fe、Ru、Co、Rh、Ir、Ni、Pd、Pt）、稀土金属（如镧系的 La、Ce、Eu、Tb、Gd）而进行改性。

④ 排名前八位的申请人均来自国内，类型以公司为主；其中，中石化申请量居首，占该领域中国专利申请总量的 31.9％，科研实力不容小觑。

在该领域中国专利申请中，申请量排名前八位的申请人分别是中国石油化工集团公司 [36 项（2008～2010）]、上海焦化有限公司 [12 项（2006～2009）]、天津大学 [8 项（1996～2010）]、中国科学院福建物质结构研究所 [6 项（1985～2010）]、西南化工研究设计院 [5 项（2009～2010）]、复旦大学 [4 项（2008～2010）]、华东理工大学 [4 项（2002～2010）] 以及天津市众天科技发展有限公司 [4 项（2010）]。

该领域的研发兴趣和主体研发力量都集中于合成气氧化偶联法。其中，中石化、上海焦化和天津大学在合成气氧化偶联法的草酸酯合成和草酸酯加氢这两个分步骤都有研发力量的投入，其他申请人则着重选择一个分支方向进行研究。最早在该领域提出中国专利申请的福建物构所将主要的研发力量投放在草酸酯合成阶段，而西南化工设计研究院将主要的研发力量投放在草酸酯加氢阶段。

从申请人类型上看，由公司作为独立申请人或共同申请人提出的专利申请达 73 项，占国内申请人中国专利申请总量 108 项的 67.6％，但仍有 32.4％的专利申请由与实际生产相脱离的科研院所（高校或研究所）独立提出。

⑤ 煤制乙二醇领域中国专利申请技术集中度同样很高。

该领域中国专利申请总量的近七成掌握在排名前八位的申请人手中。

5.3.1.3　技术发展现状和前景

① 煤制乙二醇技术共包括九种合成路线的前景。

在工业化进程中，由于自身的技术瓶颈，对合成气直接合成法、甲醛羰基化法、甲醛氢甲酰化法、甲醇甲醛合成法、甲醇脱氢二聚法、甲醛自缩合法、甲醛电化学加氢二聚法以及二甲醚氧化偶联法八种合成路线的研究进展缓慢，甚至有些路线已经被科研人员放弃。

合成气直接合成法需在高温高压的反应条件下进行，对催化剂的稳定性和设备的要求较高；甲醛羰基化法的第一阶段需要使用具有强腐蚀性的硫酸或氢氟酸作催化剂，对反应设备产生强污染和强腐蚀；二甲醚氧化偶联法就反应机理而言，热力学难度大。目前，这三种合成路线已经被科研人员所放弃。

甲醛氢甲酰化法只有采用多聚甲醛作为原料来源才会得到较高的转化率，目前来看原料成本较高；甲醇甲醛合成法、甲醇脱氢二聚法、甲醛自缩合法均通过自由基反应实现，反应条件严格、副产物较多、分离难度大；甲醛电化学加氢二聚法耗电量大、产物乙二醇在电解液中的浓度低、分离难度较大。目前，这五种合成路线仍处于实验室研究阶段。

② 合成气氧化偶联法是煤制乙二醇领域中最具工业化前景的合成路线；未来的研发重心将集中于草酸酯加氢分步骤的催化剂改性方面。

由于参与反应的醇类和亚硝酸可作为某一阶段的反应产物而重新生成，所以合成气氧化偶联法实际上仅消耗来源广泛、价格低廉的一氧化碳、氢气和氧气。该技术的优势还在于反应条件温和、催化剂的选择性高且稳定性好、所得产品质量好、污染少，是现今唯一具有工业化前景的煤制乙二醇技术。目前，已有日本的宇部兴产株式会社在该技术上实现中试，拥有一套 6000t/a 的中试装置；2011年 1 月，东华科技与贵州黔西县的黔希煤化工签订 30 万吨/年的乙二醇项目总承包合同，所采用的技术即为来自宇部兴产株式会社的合成气氧化偶联法。2005年，中科院福建物构所与江苏丹阳市丹化金煤化工合作，建成 300t/a 乙二醇中试装置和 1 万吨/年乙二醇工业化试验装置。2007 年，中科院福建物构所又与上海金煤化工联合进行研究开发。2009 年 12 月，采用该技术的 20 万吨/年通辽金煤内蒙古煤制乙二醇示范项目打通全流程并产出合格产品。2010 年 1 月，由中国五环工程有限公司、湖北省化学研究院、鹤壁宝马集团三方合作的煤制合成气生产乙二醇中试基地项目举行开工仪式，该基地将建设年产 300t 乙二醇中试项目和 20 万吨级工业化生产项目。2011 年 4 月 18 日，中石化合成气制乙二醇中试装置在位于江苏南京的扬子石化建成，其设计产能为 1000t/a。

该技术主要分为两步骤，其中，第一步骤草酸酯合成技术已经相对成熟，而该方法之所以至今仍处于中试、工业示范阶段，主要原因在于第二步骤草酸酯氢化催化剂还没有经过长周期运行检验，也就是说加氢催化剂是制约该技术能够成熟的关键点，其也成为了现今业界在该领域急于攻克的技术难题。

5.3.2 侵权风险状况

5.3.2.1 中国市场

① 中国煤制乙二醇领域申请量前十位排名由国内申请人垄断。

国外申请人的缺席说明与其他相对成熟的化工品领域不同，国外大型能源、化工企业的触角还没有深入我国的煤制乙二醇领域，相对而言，国内申请人具有该领域的技术优势和抢先进行专利布局的优势。

② 国外来华申请少、侵权风险低。

在国外来华的 5 项专利申请中，3 项已经视撤、1 项为有效授权、1 项仍处于在审状态；另外还有 2 项由中科院大连化物所和英国石油共同提交的 PCT 申请处于在审状态。已有的 1 项授权专利 ZL200480037694.0 涉及甲醛氢甲酰化法的乙醇醛合成技术。一方面，国内的技术重点和工业化集中于合成气氧化偶联法上，与本件专利所涉及的技术范畴不同；另一方面，该件授权专利保护范围较小，国内申请人容易规避，故侵权风险较低。同时，3 项在审专利申请分别涉及甲醛羰基化法的乙醇醛氢化技术和甲醛氢甲酰化法的乙醇酸（酯）氢化技术（200880118889）以及甲醛氢甲酰化法的乙醇酸合成技术（200880129363、200980128535），即使取得授权，出于上述同样的原因，其侵权风险同样较低。

5.3.2.2 海外市场

煤制乙二醇领域的国外专利大多已经超出专利保护期，对我国在该领域的技术出口和专利布局基本不具威胁性。

我国只有中石化面向国外，具体为美国、南非、印度提出三件专利申请，显示其已经开始就该领域进行全球专利战略布局。就目前而言，在已获得的煤制乙二醇领域 335 项全球专利申请数据中，南非和印度均没有有效授权存在、美国仅存在 US6455742B1、US7615671B2、US7449607B2、US7511178B2 四件授权，这对我国向这些国家进行技术出口和专利布局十分有利。

同时，就申请量大国日本而言，其专利申请主要活跃于 20 世纪七八十年代，时至今日，这些专利大多已超出最长保护期限，所以对我国在该领域向日本进行技术出口与专利布局也基本不具威胁。

5.3.3　主要结论和措施建议

目前对于煤制乙二醇的大规模推广仍需谨慎。经过近五年的技术研发和集中专利申请，我国在煤制乙二醇领域特别是在合成气氧化偶联法路线上已经具有一定的技术积累和专利布局，因此大力发展煤制乙二醇的专利风险较低。然而，由于原料成本、加氢催化剂长周期运行稳定性等因素的制约，该领域仍处于中试、工业示范阶段，并未实现完全工业化。因此，应当加大研发投入以求克服上述技术瓶颈。

参 考 文 献

［1］ 阿里巴巴资讯，网址：http：//info. china. alibaba. com/news/detail/v0-d101 9444009. html，访问日期：2011-8-31.

［2］ 建筑工程行业 2011 年专题报告之六——化学工业工程行业专题报告 ［R］. 中信证券研究部，2011.

［3］ 崔小明 . 乙二醇的供需现状及市场前景 ［J］. 化学工业，2011，29（4）：6-12.

［4］ 代鹏举 . 需求快速增长、供给独立于海外冲击——环氧乙烷行业深度报告 . 2010-11-26.